영국
워킹홀리데이
YMS 바이블

영국
워킹홀리데이
YMS 바이블

초판 1쇄 인쇄 2019년 03월 05일
초판 1쇄 발행 2019년 03월 10일

지은이 황영은
펴낸이 홍성은
펴낸곳 바이링구얼
교정 · 교열 임나윤
디자인 랄랄라디자인

출판등록 2011년 1월 12일
주소 서울 마포구 월드컵로 31길 58-5, 102
전화 (02) 6015-8835
팩스 (02) 6455-8835
메일 nick0413@gmail.com

ISBN 979-11-85980-28-7 13980

영국
워킹홀리데이
YMS 바이블

황영은 지음

바이링구얼

preface

누구에게나 평생 잊지 못하는 '첫' 순간이 있다. 나에게 있어서 평생 잊지 못할 첫 순간은 런던에 처음 도착한 날이다. 우중충한 잿빛 구름으로 뒤덮인 하늘과 온통 영어로 적힌 표지판, 한국과는 다른 자동차 방향, 새빨간 이층 버스와 잿빛 구름 사이로 비치는 반가운 햇살까지. 나에게 런던의 첫 모습은 낯설지만 따스했고 두려웠지만 온화했다.

사실 내가 마주한 런던의 첫인상은 막연하게 상상했었던 런던의 모습과는 조금 달랐다. 영국 워킹홀리데이를 준비하면서 상상했었던 런던은 비싼 물가와 팍팍하고 바쁜 삶이 지속되는 대도시의 모습이었다. 테이크아웃 커피를 손에 들고 엄청 바쁘게 걸어다니며 주변 사람에게는 전혀 관심 없는 바쁜 도시의 모습이 내가 상상했던 런던의 모습이었다. 하지만 실제로 내가 런던에서 지내면서 마주했던 모습들은 상상 속 모습과 매우 달랐다. 바쁘지만 눈인사를 잊지 않으며 좁은 길을 바쁘게 걷지만 양보를 서슴지 않고, 무거운 짐을 혼자 옮기는 나에게 주저 없이 도움의 손길을 내밀었다. 두려움과 막연함이 따뜻함과 온화함으로 바뀐 순간이었다. 영국에 오길 잘했다는 확신을 가진 순간이기도 했으며 동시에 평생 영국에 살고 싶다는 생각을 가진 순간이기도 하다.

하지만 나에게도 영국 워킹홀리데이를 주저하고 망설였던 시간들이 있었다. 영국 워킹홀리데이를 떠나기 전에 나이, 성별, 직업 등등 나의 워킹홀리데이 길을 가로막는 주변의 우려와 걱정 때문에 많이 망설였었다. 영국에서 어떤 일을 할지, 한국으로 돌아와서는 무엇을 해야 할지 등 막연한 두려움과 걱정 속으로 나 스스로를 밀어넣었는지도 모른다. 하지만 워킹홀리데이가 끝나면서 이내 서른을 맞이한 나에게 이런 걱정과 우려는 모두 사라져 있었다. 런던의 비싼 방세와 교통비에 비해 그리 높지 않은 임금 탓에 다른 나라의 워킹홀리데이처럼 큰돈을 모으지는 못했지만 허락된 돈 안에서 행복하게 쓰는 법을 배웠다. 쉬고 싶을 때 언제든지 쉴 수 있었고 바쁜 생활 속에서도 작은 카페 야외 테라스에 앉아 따뜻한 커피 한 잔을 즐길 수 있는 여유를 배웠다.

워킹홀리데이를 떠나는 모든 사람이 큰 목표를 가지고 떠나는 것은 아니다. 아프니까 청춘이고 젊어서 고생은 사서 한다지만 길고 긴 인생에서 나에게 2년간의 달콤한 휴식을 주는 것도 나쁘지 않다는 말이다. 물론 워킹홀리데이 기간 동안 실현 가능한 목표를 세워서 목표를 달성한다면 더할 나위 없이 좋겠지만 달콤한 휴식을 가진 덕분에 더욱 힘내어 멋진 미래를 살 수도 있지 않겠는가. 나는 모든 예비 워홀러가 워킹홀리데이를 준비하면서 지레 겁먹고 포기하거나 두려워서 용기를 내지 못하는 사람이 없기를 바라는 마음으로 이 책을 써 내려갔다. 이 책 한 권에 실린 내용은 영국 워킹홀리데이에 관한 정답이 아니라 해답을 찾는 실마리가 될 참고서가 되기를 바라는 마음을 담았다.

모든 예비 워홀러들이 영국에서 따뜻한 기억을 가지고 생활할 수 있기를 바라며 나의 워홀 생활 중에 마주했던 모든 인연들에게 감사의 마음을 전한다. 언제나 딸의 인생을 존중하고 응원하는 멋진 나의 엄마와 살갑지 못한 동생에게 늘 서운했을 나의 오빠, 외로웠던 순간마다 나에게 힘이 되어 주는 순대와 따끔한 충고와 따뜻한 조언을 마다하지 않는 고마운 친구들에게 감사의 말을 전한다.

2019년 2월

런던에서, 황영은

contents

Part 01. 출국 준비

Part 02. 영국에서 자리 잡기

Part 03. 일자리 구하기

Part 04. 영국 즐기기

Part 05. 유럽 여행하기

Part 06. 귀국 준비

부록

출국 준비

Chapter

01

/

영국 비자 종류

영국의 비자는 등급(Tier)에 따라 발급 목적과 허용되는 활동 범위가 다르고 거주 가능 기간에도 차이가 있다. 일반적으로 어학연수나 워킹홀리데이를 목적으로 개인이 발급할 수 있는 비자는 Tier 4와 Tier 5 비자가 유일하다. Tier 1그룹에 속하는 투자 이민의 경우 취업, 가족 초청, 교육 및 기타 활동이 모두 보장되는 최상위 비자이지만 일반인이 신청할 때 영국 정부 기관에 £200만(약 3억)를 투자해야 발급받을 수 있기 때문에 현실적으로 청년들이 신청하기에는 무리가 있다.

비자 종류	비자 특징
Tier 1 - Highly skilled category	일반, 투자자(투자 이민), 기업에서 발급 가능
Tier 2 - Skilled worker category	스포츠맨, 워크 퍼밋(work permit)
Tier 3 - Not implemented	임시 발급 중단
Tier 4 - Students	대학교 및 대학원 정규 학생 단기 어학연수 학생(6개월 또는 11개월)
Tier 5 - Temporary migrants	YMS, 종교 관련 종사자 및 기타 정부 승인 교환 비자 등 임시 노동 비자
기타	관광 비자(최장 6개월)

YMS워킹홀리데이 비자

영국 워킹홀리데이를 꿈꾸는 예비 워홀러라면 'YMS'라는 용어를 '워킹홀리데이'와 혼용해서 쓰는 글들을 많이 봤을 텐데, 쉽게 설명하자면 영국 워킹홀리데이의 공식 명칭이 'YMS'이다. 호주나 캐나다의 경우 워킹홀리데이라는 이름으로 협정을 맺었지만 영국과의 협정에서는 'Youth Mobility Scheme(청년교류제도)'이라는 명칭을 사용한다. 따라서 영국 입국 시 이민국 심사관에게 워킹홀리데이 비자를 소지했다고 말하면 알아듣지 못할 수도 있다. 의미야 전달되겠지만, 영국 입국 전에 내가 받은 비자의 명칭 정도는 정확히 알고 가는 것이 좋겠다.

등급별로 나눠진 영국의 비자는 총 5등급이 존재하는데, YMS 비자는 그중에서 가장 낮은 단계인 Tier 5에 속한다. 하지만 영국 청년교류제도(YMS)는 낮은 등급에 비해 그 명칭에 걸맞게 청년들의 다양한 경험을 보장하고 있다. 단순히 일만 할 수 있는 것이 아니라 학업, 인턴십, 취업(일부 전문분야 취업 제한), 봉사 활동, 예술 활동을 비롯해 1인 창업에 이르기까지 기간이나 영역의 제한이 없고, 비자 유효 기간 동안은 기간과 횟수에 제한 없이 영국으로의 입출국이 자유롭다. 1년에 천 명의 제한된 인원만 선발하고, '정부후원보증서(CoS)'를 발급받은 자에게만 YMS 비자 신청 자격이 주어진다. 매년 1월경 상반기에 천 명의 정부후원보증서 발급 대상자를 선발하고, 신청자 미달 및 비자 미발급 등의 이유로 발생한 잔여 비자 분에 대해 하반기(8월경)에 추가 모집을 한다.

워크 퍼밋Work Permit 비자

워크 퍼밋 비자는 외국인이 영국 기업에 취업할 때 발급받아야 하는 비자이다. 만약 YMS 비자 기간 종료 후에 영국에서 합법적으로 일하고 싶다면 기업으로부터 이 비자를 지원받아야 한다. 개인적으로 신청할 수는 없고, 기업이 정부에 Tier 2 비자 발급을 요청해야 하는데 이때 기업은 외국인에게 워크 퍼밋 비자를 지원해 줄 수 있는 라이센스를 보유하고 있어야 한다. 따라서 지원하는 회사가 이러한 라이센스를 소지하고 있는지 사전에 꼭 확인해야 한다.

영국 정부는 워크 퍼밋 비자 발급을 신청한 기업을 대상으로 점수를 매기고 높은 점수순으로 한정된 인원에 대해서만 비자를 발급할 수 있는 권한을 준다. 워크 퍼밋 비자는 높은 등급의 비자인 만큼 직무별로 최저 기준 연봉이 다르게 명시되어 있고 최저 연봉을 반드시 보장하도록 되어 있다. 그런데 기업이 이 라이센스를 취득하려면 비자 신청비 및 변호사 선임비 등 상당한 비용이 발생하고 비자 신청 기간도 꽤 오래 걸리기 때문에 현실적으로 기업에서 워크 퍼밋 비자를 지원받기가 쉽지는 않다.

학생 비자 정규 학생, 단기 어학연수 학생

정규 학생 비자는 Tier 4 그룹에 해당하는 비자이며 대학교나 대학원 과정을 수학하기 위해서 발급받는 비자이다. 학업 기간에 따라 영국 내에서 비자를 연장할 수 있고 학교 정책에 따라 일정 시간 내에서 아르바이트도 할 수 있다. 반면 단기 학생 비자(STSV: Short-term Study Visa)는 STSV6과 STSV 11로 나뉘는데 어학원 등록 기간 및 체류 기간에 따라 비자 종류가 달라지며 6개월간 무비자로 체류할 수 있는 한국인의 경우 STSV6는 별도의 비자 신청 없이 영국 입국 심사 시 어학원 등록증(visa letter 또는 school letter)을 증명하면 여권에 STSV6 도장을 받을 수 있다. 반면 STSV11 비자의 경우 영국 입국 전 6개월 이상 학원을 등록하고 학교로부터 비자 레터를 받아서 정규 학생과 마찬가지로 한국에서 비자 발급을 완료해야 한다.

관광 비자

영국은 비솅겐협약* 국가이며 한국인은 관광 비자(무비자)로 최장 6개월 동안 영국을 여행할 수 있다. 사전 비자 신청 절차 없이 영국 입국 시 왕복 항공권을 소지하거나 영국 출국일이 명확하면 특별한 제재 없이 관광 비자 입국 도장을 받을 수 있고, 영국 여행 및 어학연수(최대 6주)도 할 수 있다.

★ **솅겐협약**

유럽 지역 26개국 국가들이 유럽 내 여행과 이동의 편의를 위해 체결한 협약으로 솅겐협약 가입국에 한해서 자유로운 입출국을 보장하고 있다. 솅겐 협약국 내에서 이동하는 경우 별도의 출입국 심사를 하지 않는 경우도 있으며 최장 90일까지 자유롭게 여행할 수 있다.(2018년 5월 기준)

나에게 적합한 비자 선택하기

영국으로 떠나기에 앞서 거주 기간과 그 목적을 분명히 해야 한다. 단순히 관광이 목적이라면 복잡한 비자 신청 단계를 생략할 수 있고, 원한다면 영국 어학원을 잠깐이나마 경험할 수 있기 때문에 관광 비자로 입국해도 무방하다. 반면 단기 학생 비자의 경우 어학원 등록비와 숙박비를 완납해야 해서 상당한 목돈이 들어가므로 어학연수 기간에 대해 신중히 고민하고 선택해야 한다. 개인의 상황에 따라 일을 해야 하는 경우에는 합법적으로 취업할 수 있는 YMS 비자를 소지해야 하고, 비자 발급은 반드시 한국 내에서 이루어져야 하므로 사전에 그 목적을 분명히 하고 적합한 비자를 준비해야 한다.

	관광 비자	단기 학생 비자	YMS 비자
체류 기간	6개월	6개월 / 11개월	2년
어학연수	최대 6주	6개월 / 11개월	제약 없음
목적	일반 관광	장 · 단기 어학연수	취업 및 어학연수
비자 연장	연장 불가	연장 불가	연장 불가
취업	불가	불가	가능
신청 자격	제약 없음	사전에 단기 학생 비자 발급 이력이 없는 자	만 18~30세 YMS 비자 발급 이력이 없는 자
영어 성적	불필요	불필요	토익 600점 이상 IELTS 평균 5.0 이상 그 외 외교부에서 인정하는 공인 영어 성적
결핵 검사	불필요	- 6개월 불필요 - 11개월 필요	필요
비자 특징			특정 시기 및 제한된 인원만 모집

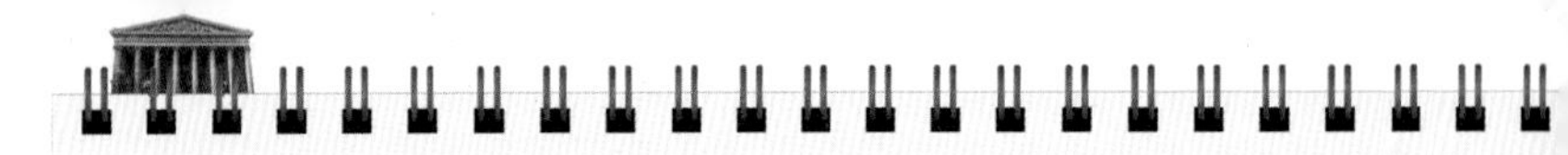

Chapter 02

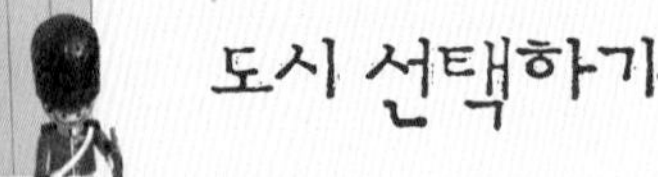

도시 선택하기

런던 London

런던에는 여러 인종의 이민자들이 몰려들어 정통 영국인을 찾는 게 더 어렵다고 할 정도로 외국인 비율이 상당히 높다. 따라서 외국인 노동자를 채용하는 데 관대한 편이고, 연중 몰려드는 관광객 때문에 관광객 비율이 높은 중국, 아랍계 직원을 채용하는 데 호의적이다. 최근에는 한국인 노동자의 성실함과 빠른 일 처리 속도, 한국인 관광객의 증가로 인해 한국어 능통자 수요가 늘고 있고, YMS 비자를 소지한 사람을 합법적으로 고용할 수 있다는 점에서 한국인 채용을 선호하고 있는 추세다. 런던과 그레이터런던(Greater London: 우리나라의 경기도 정도)을 존(zone)으로 구분하고 있고 센트럴 런던 중심가인 피커딜리 서커스 부근 1존을 시작으로 그레이터런던으로 갈수록 존이 확장되며 존에 따라 교통비와 집 월세가 차이 난다. 1존에 직장을 구하는 경우, 보통 2존이나 3존에서

거주하는 경우가 대부분이고 한 달 방세는 싱글 룸을 기준으로 £550~£650 사이로 거주 비용이 다소 비싼 편이다.

버밍엄 Birmingham

버밍엄은 런던에서 차로 약 2시간 정도 북쪽에 위치한 영국의 제2 도시로 버밍엄 타운 홀(Birmingham Town Hall) 주변으로 다운타운이 형성되어 있다. 특히 버밍엄 공항 주변에 NEC(National Exhibition Centre)가 있어서 연중 다양한 전시회를 유치하고 있기 때문에 항시 사람이 붐비는 지역이다. 제2의 도시답게 런던 다음으로 많은 인구가 거주하고 있고 높은 인구 비율 만큼이나 큰 규모의 다운타운이 형성되어 있다. 수족관, 박물관 등 다양한 문화 시설을 비롯해서 생활 편의 시설도 잘 갖춰져 있다. 따라서 전시회 관련 업무와 호텔, 식당 및 일반 서비스직이 주를 이루고 대규모 창고·운송 업체들이 버밍엄에 자리 잡고 있어서 물류 관련 일자리도 쉽게 찾아볼 수 있다. 버밍엄 외곽 지역 방세는 평균 한 달에 약 £200대로 상당히 저렴하고, 버밍엄 센트럴 부근 지역의 경우에는 외곽 지역보다 두 배 가량 비싸다.

노팅엄 Nottingham

영국에서 세 번째로 인구가 많은 노팅엄은 노팅엄셔(Nottinghamshire) 주의 주도로서 도시 규모가 크진 않지만 세계 대학교 순위 70위에 랭크된 명문 대학교인 노팅엄 대학으로 몰려드는 학생들을 비롯해 연중 사람이 붐비는 활기찬 도시이다. 대학교 방학 기간인 6~8월 사이에는 도시가 비교적 한적하고

한시적으로 방세가 저렴해지기도 하며 도시에 최신식 스튜디오 룸도 잘 갖춰져 있다. 노팅엄 대학교는 세계적인 대학교답게 외국인 학생 비율도 높아서 다양한 인종이 모여 있기 때문에 외국인에 대한 거부감도 낮은 편이며 국제 학생을 대상으로 하는 어학원도 쉽게 찾아볼 수 있다. 특히 영국의 홍길동과 같은 인물인 전설 속의 '로빈 후드(Robin Hood)' 이야기의 주요 배경이 되었던 도시답게 그와 관련된 다양한 투어와 이벤트를 연간 시행하고 있어서 지루할 틈이 없는 도시이기도 하다. 한 달 평균 방세는 £400대로 조금 비싼 편이지만 시설이 깔끔한 곳이 많다. 파트타임 아르바이트생이 많은 학기 중에는 일자리를 구하기 어려울 수도 있지만 호텔, 식당이나 일반 서비스직 채용은 항시 있기 때문에 일자리 구하는 데 큰 어려움은 없다.

리버풀 Liverpool

무역을 통해 발전한 영국의 대표적인 항구 도시로 도시 곳곳에 비틀스와 리버풀 축구 클럽으로 물들여진 도시이다. 리버풀은 비틀스로 시작해서 비틀스로 끝난다고 할 정도로 도시 곳곳에 비틀스와 관련된 관광 명소가 자리 잡고 있다. 세계적인 록 밴드 비틀스의 탄생지로 유명하고 비틀스와 관련한 관광 투어와 기념물이 도시 곳곳에 퍼져 있으며 어느 곳을 가든 비틀스의 음악을 감상할 수 있다. 최근에는 프리미어 리그에서 좋은 성적을 내고 있는 리버풀 축구 클럽의 인기가 높아지면서 관광객들이 많이 찾고 있다. 영국의 프리미어 리그 소속 리버풀 축구 클럽과 에버턴 축구 클럽의 연고지로 축구에 대한 사랑과 열정을 느낄 수 있는 도시이다. 대부분의 관광 · 생활 시설이 도시를 가로지르는 머지강(River Mersey)을 중심으로 모여 있어서 도보 여행을 하기에 무리가 없다. 리버풀 지역의 방세는 £450대로 방세나 물가가 저렴한 편은 아니고 외국인 비율이 높지 않아서 상점에서도 외국인 직원을 찾아보기 힘들지만 현지인들과 어울리고 싶은 사람들에게 적합한 도시다.

맨체스터 Manchester

런던에서 기차로 약 2시간 30분 정도 북쪽에 위치한 도시로 산업혁명을 근간으로 발달한 도시이다. 인구 계층이 대체로 부유하고 런던 외 도시 중에서는 차이나타운이 형성되어 있을 만큼 외국인 비율이 높은 도시이다. 한인 거주 비율도 높은 편이어서 한식당과 한국 식료품점을 쉽게 찾아볼 수 있다. 맨체스터의 한 달 평균 방세는 £400~£480 정도로 물가 수준이나 방세가 런던보다 크게 저렴한 곳은 아니지만 같은 금액의 방세로 런던에서보다 더 넓고 쾌적한 시설에서 생활할 수 있다. 서비스직과 전문직 수요가 항시 많은 도시이고 많은 기업들이 맨체스터에 근간을 두고 있어 기업에 취업할 수 있는 기회도 열려 있다. 한편 맨체스터 교통청에서는 구직자에게 무료로 교통수단을 이용할 수 있는 교통권을 지원해 주는 정책을 운용 중이다. 따라서 맨체스터에 정착할 예정이라면 다양한 구직자 할인 혜택을 통해 초기 정착 비용을 절약할 수 있으니 잊지 말고 신청하도록 하자.

카디프 Cadiff

웨일스(Wales) 지역에 정착하고자 한다면 웨일스의 수도인 카디프를 추천한다. 악센트(억양)의 차이만 두드러지는 스코틀랜드 지역과는 다르게 웨일스는 웨일스어(Welsh)와 영어(English)를 공용어로 사용하고 있다. 실제로 교통 표지

판과 도시 안내문을 비롯해 식당에서도 웨일스어와 영어 두 가지 언어로 적힌 메뉴판을 사용하고 있다. 웨일스 사람들은 자신들의 역사와 문화에 대한 자부심이 대단하고 축구, 럭비, 크리켓 등 스포츠 사랑이 충만하다. 최근에는 카디프와 카디프 주변 웨일스 지역을 아우르는 메트로 유치가 발표되면서 도시의 생활권이 점점 더 확장될 전망이어서 웨일스 지역에 정착하고자 한다면 카디프가 가장 적합하다. 도시에서 바다로 이어지는 자연 풍경과 카디프 성 주변으로 형성된 시가지가 평화롭고 매력적인 도시이며 월평균 방세도 £250~£350 정도로 상당히 저렴한 편이지만, 호텔이나 식당 직원들은 영어와 웨일스어를 공용으로 사용하는 현지인들이 대부분이기 때문에 일자리를 구하는 데 어려움을 겪을 수 있다.

에든버러 Edinburgh

과거 스코틀랜드 왕국의 수도였던 도시이고 한국인에게는 해리포터가 탄생한 곳으로 알려진 곳이다. 실제로 많은 부분이 영화 〈해리포터〉의 배경으로 사용되면서 매년 관광객이 꾸준히 찾는 대표적인 관광 도시이다. 스코틀랜드 사람들은 영어를 사용하지만 특유의 악센트(억양)를 가지고 있어 초기에 스코틀랜드 사람과 대화할 때 의사소통에 어려움을 겪을 수 있다. 연중 기온이 서늘하고 비가 자주 내리기 때문에 항상 긴팔 옷을 챙겨서 다녀야 하는 곳이고 관광도시답게 관광 관련 직종과 호텔, 식당, 의류 프랜차이즈 등 일반 서비스직 채용이 주를 이루고 있다. 상점 직원들은 대부분 현지인이고 관광객을 제외하면 외국인 거주 비율이 낮은 편이다. 하지만 높은 관광객 비율 때문에 외국인에 대한 거부감이나 인종차별은 거의 찾아볼 수 없는 도시이다. 연중 몰려드는 관광객에 기본적으로 호텔과 에어비앤비의 숙박료가 높게 형성되어 있고 일반 셰어 하우스의 싱글 룸 방세도 £450~£550로 런던에 비해 크게 저렴하지는 않다.

본머스 Bournemouth

런던에서 차로 약 2시간 30분 정도 남서쪽으로 떨어진 곳에 있는 본머스는 한국인들이 가장 많이 찾는 어학연수지다. 각국에서 몰려든 어학연수생들 때문에 외국인 비율이 상당히 높은 편이고 여름철에 영국인들이 가장 많이 찾는 영국의 대표적인 휴양지이기도 하다. 따라서 현지인과 관광객이 붐비는 여름철에는 한시적으로 일자리가 많아지고 시급도 꽤 높은 편이다. 하지만 휴가철이 끝나면 대부분의 식당들이 임시 휴업을 하기도 하며 자연스럽게 일자리도 줄어드는 곳이어서 취업보다는 단기 어학연수지로 적합한 곳이다. 한편 어학연수차 방문하는 학생들이 늘 많기 때문에 평균 방세가 상당히 높게 형성되어 있고 본머스 시내 지역의 경우 월평균 £500 내외로 런던과 큰 차이가 없다.

브라이튼 Brighton

브라이튼은 영국의 대표적인 휴양지로 탁 트인 해안가를 따라 리조트들이 들어서 있는 곳이어서 호텔과 리조트 일자리를 찾기 쉬운 곳이다. 한국인들은 주로 브라이튼의 대표적인 관광지인 '세븐 시스터즈(Seven Sisters)'를 방문하기 위해 브라이튼을 찾는 경우가 대부분이다. 현지에 거주하고 있는 한인 비율은 상당히

적은 편이지만 어학연수를 목적으로 브라이튼을 찾는 한인 학생 비율이 점차 늘고 있는 곳이다. 도시 규모 자체가 매우 작은 도시이며 휴가철을 제외하고는 사람이 붐비지 않는 곳이었다. 하지만 최근 어학연수지로 인기가 높아지면서 거주 인구가 늘어나고 자연스럽게 교육 시설과 생활 편의 시설도 점점 늘어나는 추세이다. 월평균 방세는 싱글 룸을 기준으로 £400대로 형성되어 있어 저렴하지는 않지만 교통비나 물가가 런던에 비해 저렴하기 때문에 생활비를 절약할 수 있다.

브리스틀 Bristol

런던 외 지역 중에서 어학연수 장소를 고민한다면 브리스틀을 추천하고 싶다. 영국 내 대학 순위 9위를 자랑하는 러셀 그룹(Russell Group)에 속한 브리스틀 대학교를 중심으로 교육 시설이 상당히 발달한 도시이기 때문이다. 도시 규모도 큰 편이어서 생활 시설이 잘 갖춰져 있고 브리스틀 대학을 찾는 국제 학생이 많은 편이어서 외국인들과 소통하기에 좋은 도시이다. 도시 규모가 큰 만큼 일자리를 구하는 것도 비교적 수월하지만 집 렌트 수요가 많은 곳이어서 브리스틀 중심가는 월평균 방세가 £500~£600 정도로 런던과 큰 차이가 없고 외곽 지역은 £450대로 시내 중심 지역보다는 조금 저렴한 편이다.

Chapter
03
/
어학연수는 필수일까?

영국 워킹홀리데이 비자는 어학연수가 필수 사항이 아니기 때문에 엄밀히 말하자면 필수는 아니다. 하지만 영국에서 먹고, 생활하고 친구를 사귀려면 당연히 '영어'를 사용해야 한다. 아무 노력 없이 단지 영국에 살고 있다고 해서 자연스럽게 영어 실력이 느는 것이 아니라는 건 자명한 사실이다. 만약 영어로 소통하는 데 어려움이 있고 외국인과 대화하는 것에 두려움이 있는 사람이라면 친구를 사귀고 영국식 영어에 익숙해지기 위해서라도 일정 기간은 어학연수를 하는 것을 추천한다.

한국에서 어학원을 등록할 때

한국에서 직접 영국에 있는 어학원 정보를 찾아 학원을 등록하기가 쉽지 않기 때문에 대부분 유학원을 통해 수업과 숙소를 등록한다. 하지만 영국 YMS 비자의 경우 숙소 증빙이나 어학연수가 꼭 필요한 사항은 아니기 때문에 입국 전에 어학원을 등록할 필요가 없고 비싼 홈스테이나 어학원 기숙 시설을 이용할 필요는 더더욱 없다. 그럼에도 불구하고 한국 유학원을 통해 어학원을 등록하고자 한다면 1개월 내외의 단기 코스를 예약한 후에 영국에 입국해서 어학연수 기간을 연장하거나 다른 학원을 알아보는 것을 추천한다. 국내 유학원에서 추천해 주는 학교의 수가 많지 않고 상담받는 사람들에게 같은 학원을 추천해 주기 때문에 한국인 학생 비율이 높은 편이다. 또한 학원의 수업 방식이나 커리큘럼이 만족스럽지 않을 수도 있다. 따라서 초기에는 한국인 비율이 낮은 곳에서 영어만 사용할 수 있는 환경을 형성하는 것이 좋고, 장기 코스를 등록하는 것보다는 2~4주 정도 단기 코스를 등록하고 수업을 들어 본 후에 기간을 연장하거나 학원을 재등록할지 여부를 결정하는 것이 좋다.

영국에서 어학원을 등록할 때

영국에는 무수히 많은 어학원이 있다. 인터넷에 'language school'로 검색하면 다양한 커리큘럼이 있는 어학원을 확인할 수 있고, 그중에서 원하는 어학원을 골라서 방문하면 무료로 상담받을 수 있다. 일부 학원에서는 1회 무료 샘플 강의도 수강할 수 있으니 되도록 학원에 방문해서 수업 진행 방식, 선생님, 학교 시설 등을 직접 확인하고 등록하는 것이 좋다. 영국의 어학원은 대부분 일주일 단위로 등록할 수 있고 일반 영어, 시험 대비반(IELTS, Cambridge), 저녁 수업 등 다양한 프로그램을 운영하고 있으며 일반적으로 매주 월요일에 수업을 개강하는 위클리(weekly) 단위로 운영된다. 따라서 본인의 상황과 목적에 맞는 수업을 일주일 단위로 자유롭게 선택해서 수강할 수 있고 학교 자체에서 신규 등록 학생에게 제공하는 다양한 혜택과 할인 제도도 직접 비교해 볼 수 있으니 YMS 비자를 가지고 있다면 영국에 입국해서 직접 학원을 선택하는 것이 어학연수에 실패하지 않는 방법이다. 한편 영국 내에 한국인이 운영하는 현지 유학원에서 워홀러들과 어학연수생들을 대상으로 학비 할인도 제공하고 있으니 어학원 등록 전에 다양한 커뮤니티에서 혜택 정보를 꼼꼼히 찾아보자.

런던의 어학원

런던에 있는 어학원의 일주일당 수업료는 기타 지역에 비해 비싸고 런던에는 시내 중심가 1존부터 외곽 지역까지 곳곳에서 어학원을 찾아볼 수 있다. 수업료는 런던 중심가에서 외곽 지역으로 갈수록 저렴해지지만 큰 차이는 없다. 학생 비자로 어학원을 선택한다면 기숙 시설과 학교 수업을 모두 고려해서 선택해야 하고 워홀러의 경우 본인의 숙소 위치나 직장과 가까운 곳에 있고 업무 시간이 불안정한 경우 유동적으로 수업을 변경할 수 있는 학원을 선택하는 것이 좋다.

런던 어학원 추천

Burlington School

런던 2존 파슨즈 그린(Parsons Green)역에서 도보로 5분 거리에 있어서 접근성이 매우 뛰어나고 일주일당 수업료가 £150 정도로 런던 지역 중에서는 저렴한 편이고 등록하는 기간에 따라 학비 할인 폭이 상당이 크다. 오후 시간대 수업은 수업료가 더 저렴하며 대부분 이탈리아나 스페인 학생들이 많고 한국인 학생 수가 적은 편이어서 입국 초기에 런던 생활에 적응하면서 영어를 배우기에 좋은 곳이다. 홈페이지에서 정확한 수업료, 커리큘럼과 운영 프로그램 정보를 확인할 수 있다

- 위치: 1-3 Chesilton Road, London SW6 5AA
- 홈페이지: http://burlingtonschool.co.uk/

The English Studio

런던 중심가 홀번(Holborn)역에서 도보로 3분 거리에 있으며 더블린에도 분점이 있는 어학원이다. 무료 영어 테스트를 받을 수 있고 학원이 센트럴 런던 중심가에 있어서 학업과

일을 병행하기에 좋으며 저녁반과 시험 대비반도 운영 중이어서 수업 선택의 폭이 넓다. 수강하는 수업 시간에 따라 금액이 다르지만 최소 강의를 수강하는 경우에는 주당 £110 정도로 수강료가 매우 저렴한 편이다.

● 위치: 113 High Holborn, London WC1V 6JQ
● 홈페이지: https://englishstudio.com/

런던 외 지역 어학원

한국인들에게 잘 알려진 어학연수 지역으로는 본머스, 브라이튼, 이스트본, 브리스틀이 있다. 이외에 맨체스터나 노팅엄 같은 대도시에도 어학원이 있으니 원하는 지역을 기반으로 'language school'을 검색하면 쉽게 정보를 찾을 수 있고, 대부분 학원에서 홈페이지에 수업료나 운영 프로그램에 대한 내용을 게시해 놓고 있어 어학원 선택 시 참고할 수 있다. 본머스, 이스트본과 브라이튼은 한국인에게 잘 알려진 영국의 대표적인 어학연수지이며 모두 런던 남쪽에 위치한 영국의 대표적인 해안 도시이다. 특히 여름철에는 다양한 축제와 관광 시설을 이용할 수 있고 관광객이 운집하는 여름철에는 항상 사람이 붐비는 곳이다. 브리스틀의 경우 브리스틀 대학에 진학을 희망하는 학생들이 입학 서류로 제출해야 하는 아이엘츠(IELTS)나 케임브리지(Cambridge) 시험 준비반이 매우 잘 갖춰져 있고 세계 각지에서 학생들이 모여드는 영국의 대표적인 어학연수 지역이다.

런던 외 지역 어학원 추천

Eurocentres

유로 센터는 영어 수업 외에도 프랑스어, 이탈리아어, 스페인어, 독일어, 일본어 과정도 있는 종합 어학원이다. 따라서 영어권 학생들도 제2 외국어를 배우기 위해 많이 찾는 어학원이다. 학원 자체적으로 시행하는 학비 할인 프로모션도 자주 진행되고 홈페이지에서 수업 시작일과 종료일에 맞춰 책정된 수업료도 확인할 수 있어 혼자서 어학연수를 준비하기에 편리하다.

- 본머스 캠퍼스 위치: 26 Dean Park Rd, Bournemouth BH1 1HZ
- 브라이튼 캠퍼스 위치: 20 North St, Brighton BN1 1EB
- 홈페이지: https://www.eurocentres.com/

ELC The English Language Centre

브라이튼과 이스트본(Eastbourne)에 캠퍼스를 운영하고 있으며 커리큘럼이 탄탄하다는 후기가 많은 곳이다. 수업 세부 시간표와 기간별 가격을 잘 정리해 놓은 안내서를 홈페이지에 게시하고 있고 한국어 사이트도 지원하고 있어 원하는 정보를 쉽게 찾을 수 있다. 하지만 4주 이하 단기로 등록하는 경우 주당 수업료가 £300가 넘기 때문에 비싼 수업료가 다소 부담될 수 있다.

- 위치: 33, Church Road, Palmeria Mansions W, Hove BN3 2GB
- 홈페이지: https://www.elc-schools.com/

EF Bristol 캠퍼스

전 세계 여러 곳에 캠퍼스가 있는 초대형 어학원으로 브리스틀 캠퍼스의 경우 숙소가 포함되어 있는 기숙 학원 형태로 운영되며 캠브리지 시험 대비반의 경우 최소 8주 이상을 등록해야 수강할 수 있고, 기간과 캠퍼스에 따라 비용이 다르니 사전에 수업 정보를 반드시 확인해야 한다. 시험 준비반의 경우 숙소 비용을 모두 포함해 8주 어학연수 비용이 약 £3,000 이상으로 다소 비싼 편이지만 기숙형 학원인 만큼 단기로 성적을 얻어야 하는 학생들에게 적합하다.

- 위치: Custom House, Queen Square, Bristol BS1 4JQ
- 홈페이지: https://www.ef.co.uk/

TEG English Bristol

포츠머스(Portsmouth)에 본사를 두고 영국 내 포츠머스, 카디프, 브리스틀, 사우스햄턴 총 네 개의 캠퍼스를 운영하고 있는 규모가 큰 영국의 대표적인 어학원이다. 홈페이지에서 세부 정보를 확인할 수 있고 온라인으로 학원 등록도 할 수 있다. 학비는 £150대로 크게 비싸지 않은 편이고 규모가 크고 다른 지역의 학원으로 옮겨갈 수도 있어서 어학연수 기간 동안 도시 이동을 계획한다면 고려해 봐도 좋을 듯하다.

- 위치: 2 Portland Place, Pritchard Street, Bristol BS2 8RH
- 홈페이지: https://tegenglish.com/general

Chapter

04

/

영국 워킹홀리데이(YMS) 비자 신청하기 (1)

영국 YMS 비자는 선발 인원이 연간 천 명으로 제한되어 있고, 최근 유럽 여행을 떠나는 청춘들이 급격히 많아지면서 경쟁률이 매년 증가하는 추세다. 영국 YMS 비자는 비자 유효 기간 최장 2년 동안 취업과 학업에 제한이 없어 자유롭게 일하고 여행하며 공부할 수 있는 막강한 비자다. 심지어 1인 창업도 할 수 있으니 불타는 열정을 가진 청년이라면 영국으로 떠나지 않을 이유가 없음이 분명하다.

여권 발급

영국을 여행하거나 공부하기 위해서는 반드시 체류 기간 동안 유효한 비자를 소지하고 있어야 한다. 영국 YMS 비자 발급은 최소 2년 이상의 유효한 여권을 요구하므로 단수 비자가 아닌 복수 비자를 소지해야 한다. 따라서 10년 복수 비자를 발급하는 것이 좋고 여권 발급은 약 7일 정도 걸리며 각 시 · 군청 및 특별시와 광역시의 구청에서 신청할 수 있다.

공인 영어 성적 준비

공인 영어 성적표는 정부후원보증서 발급일 기준 2년 이내 유효해야 하므로 미리미리 준비해 두어야 한다. 성적 발표일이 비교적 빠른 편인 토익 스피킹이나 오픽 성적표는 인정하지 않기 때문에 YMS 공고 예정 시기 최소 한 달 전에 성적표를 확보해 두는 게 좋다.

TOEIC	TOEFL			TEPS	G-TELP (GLT Lv.2)	FLEX (듣기/읽기)	IELTS
	iBT	PBT	CBT				
600	69	523	193	485	55	485	5.0

- 일반 TOIEC만 제출 가능 / TOEIC Speaking, TOEIC IPT, TOEIC Bridge 제출 불가
- IELTS는 Academic Module, General Traning Module, UKVI Academic, UKVI General Traning만 제출 가능

영국 YMS 모집 공고 확인

영국 YMS 모집 시기는 정해져 있지 않지만 통상적으로 1월과 8월에 공지가 뜰 것으로 예상되기 때문에 그 시기에 맞춰 수시로 확인해야 한다. 영국 YMS 모집에 관한 공고는 외교부 워킹홀리데이 인포센터 사이트의 알림마당 공지사항 메뉴에서 확인할 수 있다. 영국 YMS 모집 구비 서류 및 신청 방법 등에 대한 구체적인 사항은 변경될 수 있기 때문에 수시로 워킹홀리데이 인포센터 공지사항을 확인하도록 하자.

외교부 워킹홀리데이 인포센터

- 주소: 서울 종로구 새문안로 5길 37 도렴빌딩 605호(도렴동 60)
- 전화 번호: 1899-1995
- 홈페이지: http://whic.mofa.go.kr/

정부후원보증서CoS 신청

영국 YMS 비자는 정부후원보증서를 발급받은 사람만 신청할 수 있는 비자

다. 따라서 비자 신청에 앞서 먼저 정부후원보증서 발급 대상자로 선정되어야 한다. 정부후원보증서 발급은 매년 천 명에 한하여 발급하고 있으며 상반기(매년 1월 중순경)에 인원을 모집한 후 잔여 인원에 대해 하반기(8월경)에 추가 모집한다. 정확한 모집 시기가 공시되어 있지 않기 때문에 지난 공고들을 통해 통상적으로 1월과 8월에 모집 공고가 나올 것으로 예상하고 그 시기에 맞춰 수시로 외교부 워킹홀리데이 인포센터 사이트를 확인해야 한다. 또한 하반기 모집의 경우 잔여 비자 쿼터가 발생해야만 선발하기 때문에 상반기에 기회를 잡을 수 있도록 계획하는 것이 좋다. 영국 워킹홀리데이에 선발되지 않을 경우를 대비해서 아일랜드나 호주, 캐나다 워킹홀리데이를 대안으로 준비해 두는 것도 좋다.

1) CoS 발급 대상자

만 18~30세 대한민국 국민

범죄 경력이 없고 전년도 정부후원보증서 발급 이력이 없는 자

2) CoS 신청 구비 서류 ★2018년 1월 모집 기준

① 자필 서명된 여권 신원 면 사본

주의 사항 1

- 여권 서명란에 반드시 자필 서명 후, 복사 또는 스캔 인쇄 제출(컬러 또는 흑백 모두 가능)
- 여권 신원 면 내 얼굴 사진 면, 개인 정보, 자필 서명 등은 육안으로 식별 가능해야 함
- 가능한 한 여권 크기와 같은 사본

주의 사항 2

- CoS는 개인별 1회만 발급되므로 여권 재발급(개명, 유효 기간 만료 등) 등의 개인적 사유로 인한 CoS 변경 발급 불가

② 공인 영어 성적증명서 사본

주의 사항 1

- 공인 영어 성적증명서는 CoS 발급 대상자 공지일 기준 2년 이내 시행된 시험에 한해 인정됨
- 공인 영어 성적증명서 내 개인 정보는 여권사의 개인 정보와 일치해야 함
  (단, 영문 성명의 경우 하이픈(-), 대소문자, 띄어쓰기, 여권 번호, 얼굴 사진 예외)
- 복사 또는 스캔 인쇄 제출 가능(컬러 또는 흑백 모두 가능)
- 공인 영어 성적증명서 내 개인 정보, 점수 등은 육안으로 식별 가능해야 함
- 가능한 한 공인 영어 성적증명서 원본 제출을 요구할 수 있음

주의 사항 2

- 해외에서 발급받은 공인 영어 성적증명서 제출 가능
- 정기 및 수시 시험 제출 가능
- 상기 명시한 공인 영어 성적증명서 외 다른 공인 영어 성적증명서 제출 불가
- 기업, 학교 등에서 자체 평가 목적으로 의뢰하여 받은 공인 영어 성적증명서는 제출 불가
- IELTS에 한하여 원본이 없는 경우에만 접수 기간 내 시험 발급 기관을 통한 등기우편 제출 가능
  (단, 발급 기관을 통해 공인 영어 성적증명서를 별도 제출하는 경우 여타 구비 서류 제출 시 해당 사항을 표기할 것)

주의 사항 3(장애인 전형 시험)

- 장애인 전형 시험에 응시한 경우, 증빙 서류를 함께 제출(장애인 증명서 등)

③ 국문 또는 영문 범죄 · 수사 경력 회보서 원본 1부

조회 목적: '외국 입국·체류 허가용'만 선택

일반적으로 '범죄 · 수사 경력 회보서'는 1부로 발급되나, 경우에 따라서는 '범죄 경력 회보서' 및 '수사 경력 회보서'로 나누어 2부로 발급될 수도 있음(2부로 제출 시에는 '범죄 경력 회보서' 및 '수사 경력 회보서' 모두 제출해야 함)

주의 사항

- 발급일이 모집 공고일 이후여야 함
- 재외 공관/경찰서에서 발급받은 원본 또는 온라인에서 인쇄(컬러 또는 흑백)한 원본 제출
- 복사, 스캔, 인쇄, 팩스 등 사본 제출 불가
- 개인 정보, 경찰청 로고/직인 등은 육안으로 식별 가능해야 함
- 발급 관련 문의: 경찰청 182

○ 경찰서 방문 발급 https://minwon.police.go.kr/#guideMinwon/info/MW-081

○ 온라인 발급 http://crims.police.go.kr/

④ 개인 정보 수집/이용 및 제3자 제공 동의서 원본 1부

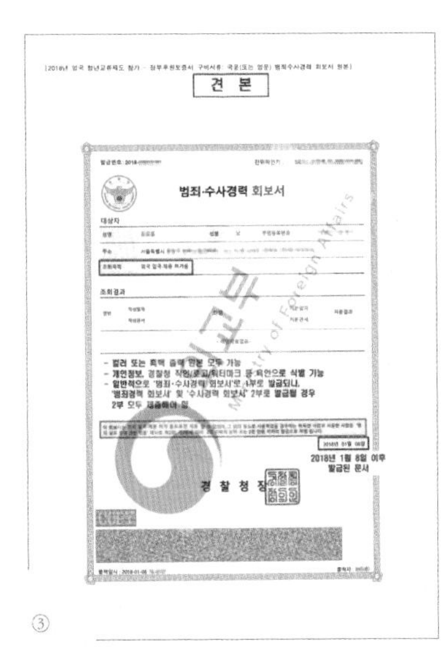

견 본

범죄·수사경력 회보서

대상자

조회결과

- 컬러 또는 흑백 출력 원본 모두 가능
- 개인정보, 경찰청 직인/로고/워터마크 등 육안으로 식별 가능
- 일반적으로 '범죄·수사경력 회보서'로 1부로 발급되나, '범죄경력 회보서' 및 '수사경력 회보서' 2부로 발급될 경우 2부 모두 제출해야 함

2018년 1월 8일 이후 발급된 문서

경 찰 청 장

③

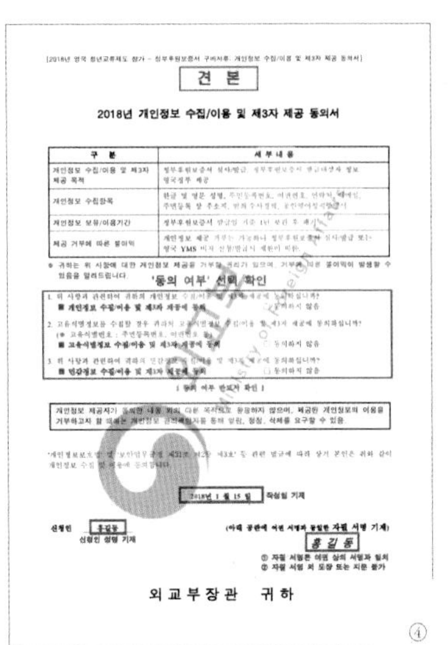

견 본

2018년 개인정보 수집/이용 및 제3자 제공 동의서

'동의 여부' 선택 확인

2018년 1 월 15 일 작성일 기재

신청인 홍길동 신청인 성명 기재

(아래 공란에 여권 서명과 동일한 자필 서명 기재)

홍 길 동

① 자필 서명은 여권 상의 서명과 일치
② 자필 서명 외 도장 또는 지문 불가

외 교 부 장 관 귀 하

④

주의 사항

- 컴퓨터 작성(동의 여부 확인) 및 인쇄(컬러 또는 흑백) 후 자필 서명한 원본 제출
- 복사, 스캔, 인쇄, 팩스 등 사본 제출 불가
- 개인 정보, 동의 여부 등은 육안으로 식별 가능해야 함
- '개인 정보 수집/이용 및 제3자 제공 동의서' 내 개인 정보 및 자필 서명은 여권상의 개인 정보 및 자필 서명과 일치(자필 서명 외 도장 또는 지문 불가)

⑤ 영국 청년교류제도 참가 지원자 자기소개서 및 서약서 원본 1부

주의 사항

- 컴퓨터 작성 및 인쇄(컬러 또는 흑백) 후 자필 서명한 원본 제출
- 복사, 스캔 인쇄, 팩스 등 사본 제출 불가
- '자기소개서 및 서약서' 내 개인 정보 및 자필 서명은 여권상의 개인 정보 및 자필 서명과 일치 (자필 서명 외 도장 또는 지문 불가)
- 개인 정보, 자기소개서 등은 육안으로 식별 가능해야 함
- 자기소개서는 500자(공백 포함) 이하 한글로만 작성(가능한 한 글자 수 엄수, 일부 외국어 단어 또는 문장 사용 가능)
- 기본 서식(바탕 글꼴, 글자 크기 11pt, 줄 간격 1.2배수) 임의 변경 금지

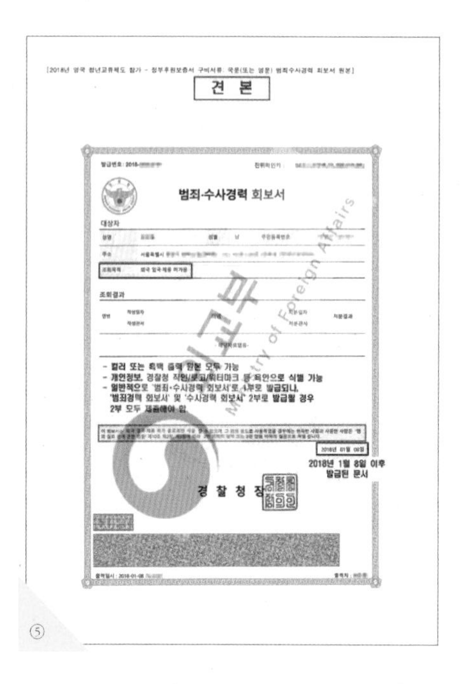
[2018년 영국 청년교류제도 참가 - 정부후원보증서 구비서류: 국문(또는 영문) 범죄수사경력 회보서 원본]

견 본

범죄·수사경력 회보서

대상자

조회결과

- 컬러 또는 흑백 출력 원본 모두 가능
- 개인정보, 경찰청 직인/로고/워터마크 등 육안으로 식별 가능
- 일반적으로 '범죄·수사경력 회보서'로 1부로 발급되나, '범죄경력 회보서' 및 '수사경력 회보서' 2부로 발급될 경우 2부 모두 제출해야 함

2018년 1월 8일 이후 발급된 문서

경 찰 청 장

⑤

3) CoS 신청 접수일

외교부 워킹홀리데이 센터 공고에 명시된 날짜(우체국 소인 일자 기준)

4) CoS 신청 방법

대한민국 내 우체국 '등기우편' 접수만 가능

주의 사항

- 해외 우편 또는 일반 우편 접수 불가
- 접수된 구비 서류는 반환하지 않음
- 상기 언급된 구비 서류 외 추가 서류 제출 불가
- 개인별 1회만 접수할 수 있으며, 구비 서류를 분리 또는 중복하여 제출할 수 없음
  (단, 공인 영어 성적증명서 〈*주의 사항2〉에 안내된 IELTS만 예외)

5) CoS 발급 대상자 선발 발표

모집 마감 후 약 1개월 소요

접수처 주소
서울틀별시 종로구 새문안로 5길 37, 605호(도렴동, 도렴빌딩)
외교부 워킹홀리데이 인포센터
YMS 정부후원보증서 담당자
(우편번호) 03173

Chapter 05 / 영국 워킹홀리데이(YMS) 비자 신청하기 (2)

CoS(정부후원보증서) 발급 대상자로 선정됐다면 CoS 유효 기간 내에 비자 신청을 해야 한다. CoS의 유효 기간은 통상적으로 3개월이며 CoS 발급이 곧 YMS 비자 발급을 의미하는 것이 아니므로 YMS 비자 신청 시 구비 서류를 철저히 확인해야 한다. YMS 비자 신청서는 온라인으로 작성한 뒤 출력한 원본을 제출해야 하며, 이 과정에서 보건부담금(IHS)과 비자 신청비를 결제해야 최종 신청서를 출력할 수 있다.

YMS 비자 신청 구비 서류

① CoS 원본

CoS 발급 대상자로 선정되었다면 신청 당시 제출한 이메일 주소로 발송되며 출력한 원본을 제출하면 된다. CoS는 재발급이 되지 않기 때문에 메일로 받은 원본은 지우지 말고 따로 저장해 두는 것이 좋다.

② 여권 원본, 여권 신원 면 사본, 여권 사진

여권 원본을 제출해야 하므로 비자 심사 기간 동안 여권을 사용할 수 없다.

또한 여권은 반드시 CoS 신청 시 제출했던 여권과 같은 여권을 준비해야 한다. 이때 여권은 YMS 체류 기간 동안 사용할 수 있도록 유효 기간이 충분히 남아 있어야 한다.

③ 결핵 검사 진단서 Tuberculosis(TB) test results

한국인은 영국 비자를 취득하려면 결핵 검사 진단서를 필수로 제출해야 한다. 결핵 검사 진단서는 지정된 병원에서 발급된 것만 인정되고, 3~6월경 YMS 선발 인원이 집중되는 시기와 9월 학기가 시작되기 전에는 상당한 인원이 몰리는 성수기로 예약이 어려울 수 있으니 서둘러서 결핵 검사를 하는 것이 좋다. 또한 결핵 검사 진단 결과가 비정상으로 나올 경우, 비자 승인이 거절될 수 있는데 이때 비자 발급 수수료와 보건부담금 환불이 어려울 수 있으므로 온라인 비자 신청 및 수수료 납부에 앞서 결핵 검사를 먼저 하는 것이 좋다. 결핵 검사는 각 병원 홈페이지에서 원하는 날짜와 시간대를 지정해서 예약할 수 있다. '세브란스 병원 영국 비자 신체 검사'로 검색하면 쉽게 해당 홈페이지로 연결된다. 회원 가입 후 원하는 날짜로 예약하면 된다. 결핵 검사 신청서를 작성할 때 영국 거주 예정지 주소는 임시 숙소 또는 호텔 주소를 기재하면 되고 Visa Category를 작성해야 하는데 앞서 설명했듯이 YMS 비자는 Tier 5에 속하는 비자다. 따라서 'Tier 5-YMS'라고 기입하면 된다.

결핵 검사 지정 병원

● 강남 세브란스 병원: 02)2019-1208-9 → 전화 또는 온라인 예약 가능

○ 검사 비용: 96,900원

○ 위치: 서울시 강남구 도곡로 235 강남세브란스병원 비자검진센터

● 연세(신촌) 세브란스 병원: 1599-1004 → 전화 또는 온라인 예약 가능

○ 검사 비용: 98,000원

○ 위치: 서울시 서대문구 연세로 50-1 신촌세브란스병원 본관 3층 비자신체검사실

★ 공통 준비물: 여권 또는 반명함판 사진 2매, 여권, 영국 거주 예정지 주소(우편번호 포함), 한국 거주지 영문 주소

④ 은행 잔액 증명서

영국 YMS 비자 취득을 위해서 제출해야 하는 서류 중에 '본인 명의 잔액 증명서'가 있다. 본인 이름으로 된 계좌에 £1,890 이상 보유하고 있어야 하며 영문 및 파운드로 표기되어야 한다. 달러로 표기하는 경우 환율 변동 상황에 따라 금액이 달라질 수 있기 때문에 발급 신청 시 파운드 표기를 요청하는 것이 가장 현명하며, 잔액 증명서 발급은 본인 소유 계좌 은행에서 발급할 수 있다.

⑤ 온라인 YMS 비자 신청서 출력본

YMS 비자 신청서를 작성할 때는 빠뜨린 부분이 없는지 여러 번 확인해야 하며, 모든 항목은 영문으로 작성해야 한다. 출국 예정일을 비롯한 영국 입국 후 체류허가증(BRP: Biometric Residence Permit) 수령 장소까지 지정해야 하기 때문에 임시 숙소의 대략적인 위치를 알아 두는 것이 좋다.

★ Vignette(입국허가서)와 BRP(체류허가증)

예전에는 신청자 본인의 여권에 2년간 유효한 비자가 부착되어 발급되었지만, 새롭게 개정된 제도 아래 한 달간 유효한 Vignette가 여권에 부착되어 발급되고 그 기간 내에 반드시 영국에 입국하여 BRP를 본인이 지정한 영국 내 우체국에 방문하여 수령해야 한다. BRP는 카드 형식의 체류허가증으로 일종의 외국인등록증과 같은 기능을 하며 YMS 비자 기간 동안 영국 출입국 시 반드시 소지하고 있어야 한다. BRP 분실 시 3개월 이내 분실 신고를 하지 않는 경우 벌금이 부과될 수 있으며 영국 체류 자격이 박탈당할 수도 있다. BRP는 영국 경찰서에 분실 신고 후 재발급받을 수 있고 재발급 수수료가 발생한다.

★ 부록 1) 'YMS 온라인 신청서 작성' 따라 하기 참조

⑥ 비자센터 방문 및 비자 신청서 제출

비자센터는 정해진 약속 시간에 방문해야 하고, 약속 시간이 지나서 방문하는 경우 예약 상황에 따라 추가 비용을 내고 다시 약속을 잡을 수 있다. 비자센터를 방문할 때는 온라인 비자 신청서를 비롯해 각종 구비 서류를 모두 가져가야 한다. 누락된 서류가 있다면 현장에서 비용을 지불하고 출력 서비스

를 이용할 수 있다. 비자 신청 서류 접수를 마치면 지문 등록 및 사진 촬영 절차를 거치게 되고 비자 심사 결과 및 여권 환수는 우편 수령(유료) 또는 방문 수령(무료) 중에 선택할 수 있다.

영국 비자신청센터

- 주소: 서울특별시 중구 소월로10 단암빌딩 5층
- 비자센터 업무 시간: 월~금 08:00~14:30 / 프라임 타임 예약(유료): 14:30~15:30
- 여권 수령 가능 시간: 월~금 12:30~14:30

⑦ 여권 및 입국허가서 수령

YMS 비자 신청서 및 구비 서류 제출 후에 이민국 심사를 마치면 여권 원본과 여권에 부착된 입국허가서(Vignette: 비네트)와 체류허가증(BRP) 수령 안내장을 받게 된다. YMS 비자 신청서 작성 시 지정한 비자 시작일로부터 30일간 유효한 임시 체류허가증으로 그 기간 내에 영국으로 입국해야 한다. 또한 최종적인 비자인 BRP를 받기 위해 우체국에 방문할 때 반드시 유효 기간이 남아 있는 비네트와 BRP 수령 레터를 가져가야 한다.

만일 출국 시기를 늦추기 위해 비네트 기간을 연장하고 싶다면, 비자센터를 방문해서 신청하고 별도의 수수료를 내면 그 기간을 연장할 수 있다. 하지만 비네트 기간을 연장하려면 YMS 비자 신청 절차와 같은 절차를 한 번 더 거쳐야 하고, 30만 원가량의 수수료를 내야 하므로 되도록 비네트 유효 기간 내에 출국할 수 있도록 출국 예정일을 정하는 것이 좋다.

Chapter

06

/

출국 준비

사설 보험 가입

비자 신청을 할 때 보건부담금(IHS)을 냈음에도 불구하고 사설 보험을 추가로 가입해야 하는지 고민하는 사람이 많다. 영국의 의료 시스템에 대해 한국인들의 불만족스러운 글들을 쉽게 찾아볼 수 있는데 그 이유는 영국은 NHS라는 제도 아래 국가에서 병원비를 대부분 전액 면제해 주고 있기 때문이다. 한정된 예산안에서 넘쳐나는 환자를 치료해야 해서 질병의 정도가 심각한 순으로 진찰 · 치료하고 있다. 한국의 경우 감기몸살처럼 간단한 질병은 저렴한 비용으로 개인 병원에서 진찰받을 수 있는데 반해 영국 NHS 등록 병원을 이용하려면 최소 2~3주 이상 예약일이 소요되고 감기몸살과 같은 가벼운 질병은 마땅한 처방전도 받기 어려운 것이 현실이다.

영국의 사설 병원의 경우 질병 및 진료 과목에 따라 비용이 다르지만 그 금액이 상상을 초월하기 때문에 영국으로 유학이나 워킹홀리데이를 떠나는 사람들은 반강제적으로 보험에 가입하는 경우가 대부분이다. 하지만 실제로 사설 병원을 이용하는 사람들이 많지 않으며 나도 워홀 초기 1년에는 여행자 보험에 가입했지만 실제로 사설 병원 진료를 받을 일이 없었고 NHS

에서 무료로 MRI 검사를 받기도 했다. 따라서 사설 보험에 가입하려면 최소 기간으로 가입하는 것이 좋고 영국에서 생활하면서 필요에 따라 기간을 연장하는 것이 좋겠다.

항공권 예약

항공권은 예약 시기에 따라 가격이 천차만별이며, 특히 5~8월에는 성수기 요금이 적용되므로 항공료가 인상될 수 있으니 출국 일정이 확실히 정해졌다면 바로 항공권을 예약해야 한다. 항공권은 최소 출국 시기 1~2개월 전에 예약을 확정하는 것이 좋고 1년 이내로 한국에 입국할 것이 아니라면 항공권은 편도로 결제하는 것이 경제적이다.

항공권 예약 사이트 추천

키세스 Kises 또는 STA Travel

국제학생증(ISIC) 소지자에게 할인된 항공권을 제공해 주는 사이트로 일반 항공 운임과 다른 학생 운임으로 예약할 수 있다.

- https://www.kises.co.kr/

땡처리 닷컴

출국일이 임박했을 때 저렴한 항공을 찾기에 유용하다.

- http://www.ttang.com/

스카이스캐너 Skyscanner

항공사 및 티켓 판매 사이트별로 가격을 비교하기에 좋다.

- https://www.skyscanner.net/

임시 숙소 예약

출국에 앞서 가장 고민되는 부분이 바로 임시로 머물 숙소를 정하는 일일 것이다. 비자를 신청하고 항공권을 결제하는 일이야 한국에서 쉽게 할 수 있지만 영국에 입국해서 머물 숙소를 구하는 일을 결정하는 건 쉽지 않을 것이다. 임시 숙소를 예약할 때는 본인의 짐 크기나 선호하는 시설에 따라 일반 하우스 또는 호스텔에 임시 숙소를 구하면 된다. 한국에서 임시 숙소를 예약하고 영국에 도착한 후에 직접 방을 보러 다니면서 장기적으로 지낼 곳을 정하는 것이 좋기 때문에 임시 숙소는 7~10일 정도 단기로 예약하는 게 좋다.

런던은 지역이 존(zone)으로 나뉘어 있고 런던 시내 1존을 중심으로 거리에 따라 6존까지 구분된다. 당연히 1존은 교통비는 물론 주거비 또한 높은 시세를 보이고 있다. 관광을 목적으로 방문한다면 관광지가 운집되어 있는 1존 내 숙소가 가장 적합하고 임시로 머물면서 장기적으로 지낼 곳을 찾는다면 1~3존 내에 있는 숙소로 정하는 것이 현명하다. 1~2존 내 호스텔 비용은 7박 기준 £100 내외이기 때문에 비용을 절약할 수 있다는 장점이 있지만 무거운 출국 짐을 보관해야 하는 상황에서 단기 숙소로 호스텔은 짐 분실 우려가 있어 적합하지 않다.

한편 한인 민박 업체의 경우에는 대부분 1~2존 내에 있고 숙식 제공 및 소정의 월급을 지급하고 매니저를 채용하기도 하므로 초기 정착 비용을 절약하고자 한다면 한인 민박 매니저로 일하면서 숙식을 해결하고 직장을 알아보는 것도 하나의 대안이 될 수 있다.

런던 지역별 임시 숙소 지역 추천

호스텔이나 호텔은 인터넷을 통해서 원하는 기간을 지정해서 선결제할 수 있지만 일반 하우스를 예약하는 경우에는 사전에 해외 송금을 하지 않는 것이 좋다. 장기 계약이 아닌 일반 단기 숙소의 경우 보증금을 요구하는 경우는 아주 드문데, 만약 보증금을 꼭 내야 하는 상황이라면 입주 후에 집주인 또는 방주인과 만나서 단기 숙박료와 함께 주고받는 것이 현명하다. 체크인할 때 지불한 보증금과 환급에 대해 명시된 계약서도 받아 두는 것이 좋다. 영국에는 타 유럽 국가에 비해 비교적 집과 관련된 사기 피해가 거의 없는 편이다. 하지만 혹시 모르니 큰돈을 입주 전에 송금하거나 계약서도 없이 지불하는 일이 없도록 주의해야 한다. 런던 1존과 2존의 경우 일주일 숙박비가 평균적으로 £150 정도이고 3존 이상 벗어나면 £130대로 조금 저렴한 편이다.

런던	지역 추천
1존	Holborn, Earl's Court, Kensington, King's Cross, Piccadilly Circus, Paddington, Victoria, Pimlico, Vauxhall
2존	Fulham Broadway, Putney, Camden, Hammersmith, Swiss Cottage
3존	Wimbledon, Chiswick, Golders Green
4존	Raynes Park, New Malden, Richmond
5존	Croydon, Twickenham
6존	Kingston, Hampton Court

단기 숙소 예약 사이트 추천

영국사랑 04UK

영국 관련 최대 한인 커뮤니티 사이트로 한국인 가정집을 비롯해 셰어 하우스에 대한 정보를 얻을 수 있다.

● http://04uk.com

영국 워킹홀리데이 YMS 페이스북 페이지

영국 워킹홀리데이 관련 최대 규모의 소셜 네트워크 페이지로 귀국, 이사 또는 여행 기간 동안 방을 양도하거나 플랫 메이트(flatmate)를 찾는 글을 쉽게 찾을 수 있다. 무엇보다 현재 워홀 생활을 하고 있는 당사자들이 생활하는 하우스이기 때문에 다른 사이트보다 비교적 신뢰할 수 있는 정보를 얻을 수 있다.

● https://www.facebook.com/groups/yms.uk

에어비앤비 Airbnb

일반 하우스 단기 룸에 비해 가격이 비싼 편이지만 취사 시설을 갖추고 단독으로 룸을 사용할 수 있어서 짐 보관 및 생활이 편리하다.

● https://www.airbnb.co.uk

호스텔 월드 Hostelworld

비교적 저렴한 가격으로 호스텔을 예약할 수 있어서 초기 정착 비용을 절약할 수 있다.

● https://www.hostelworld.com

환전

영국은 EU 가입국이지만 자국 화폐인 파운드를 사용하기 때문에 유로가 통용되지 않는다. 따라서 현지에서 사용할 돈을 파운드로 환전해서 준비해 가야 하고 서울 외 지역에서는 파운드를 보유하고 있는 은행이 없을 수 있으니 미리 환전해 두는 것이 좋다. 현금으로 큰돈을 가지고 있는 것은 위험하기 때문에 보통 2주 정도 현지에서 생활할 수 있는 £300~£400 내외로 준비하는 것이 좋고 임시 숙소비를 현금으로 지불해야 하는 경우에는 필요한 금액만큼 준비해 가거나 현지에서 ATM 기기에서 필요한 만큼 인출해서 사용하는 것이 좋다.

한국 신용카드 또는 체크카드

영국에서는 은행 계좌 개설 기간이 최소 2주 정도 소요되고 카드를 분실했을 경우에도 발급 기간이 몇 일 정도 소요되기 때문에 비상시에 사용할 수 있는 체크카드나 신용카드를 준비해 가는 게 좋다. 이왕이면 외국에서 카드 결제를 사용하거나 현금을 인출할 때 좋은 환율을 적용받을 수 있는 환율 우대 카드를 준비해 가면 유사 시에 유용하게 사용할 수 있다.

국제운전면허증

영국은 한국과 운전 방향이 반대일 뿐만 아니라 차량 등록비와 보험료, 주차 요금이 상당히 비싸기 때문에 대부분의 워홀러들은 주로 대중교통을 이용한다. 하지만 유럽 여행을 하거나 영국 내에서 운전면허가 꼭 필요한 직종에 취직할 수도 있으니 국제운전면허증을 준비해 가면 유용하게 사용할 수 있다. 한편 영국교통관리국(DVLA)은 영국에서 1년 이상 합법적으로 거주하는 사람에게는 영국 면허증으로 교환해 주고 있으니 국제면허증을 준비해 오지 않았다면 한국 면허증을 챙겨 가자. 주영 한국 대사관에서 운전면허 번역 공증을 받아서 영국 운전면허 관할 관청인 DVLA에 한국 면허를 반납하고 영국 면허증으로 교환할 수 있다. 영국 면허증으로 EU 가입국 내에서도 별도의 국제면허증 없이 운전할 수 있으니 영국에 거주하는 동안 유용하게 사용할 수 있다.

여권 사진

영국에서 신분증이나 여권을 분실해서 재발급받을 때 필요하기 때문에 여분의 여권 사진을 챙겨 가는 것이 좋다. 영국 내에서도 여권 사진을 찍을 수 있지만 비용이 비싸고 사진관을 찾기가 쉽지 않으니 비상용으로 준비해 가는 것이 좋다.

출국 짐 꾸리기

이민 가방에 짐을 싸는 경우, 공항에서 숙소로 이동할 때 불편할 수 있다. 이동이 편리한 캐리어와 출국 시 여권이나 서류를 보관할 수 있는 작은 가방을 메는 것을 추천한다. 영국에서 하루 이틀 거주할 것이 아니기 때문에 일반적인 생필품은 현지에서 마련하는 것이 효율적이다. 슈퍼마켓이나 파운드랜드라는 한국의 다이소 같은 할인 판매점을 이용하면 저렴한 비용으로 생필품을 살 수 있기 때문에 이동이 편리한 캐리어로 최소한의 짐을 꾸리는 것이 현명하다.

가방	수하물 캐리어, 기내용 캐리어, 노트북 가방, 백팩 또는 크로스백
서류	여권, 비자, 항공권, 각종 증명서(여권 및 비자 사본을 구비해 둘 것을 추천), 스쿨 레터(어학원 등록 시)
전자제품	노트북, 휴대 전화, 충전기, 휴대용 충전기, 변환 어댑터, USB, 드라이어, 고데기 등
세면도구	수건, 여행용 세면도구, 화장품, 선크림, 마스크팩, 여드름 패치
옷	계절 옷, 속옷, 양말, 수면 양말, 잠옷, 신발, 슬리퍼
식품	라면, 햇반, 참치, 여행용 반찬(비상용으로 조금 구비해 가는 것을 추천)
기타	한국 상비약, 반짇고리, 손톱깎이 세트, 문구류, 책, 안경 또는 렌즈용품

YMS 출국 준비 예상 비용

영국 워킹홀리데이는 YMS 비자 신청비와 보건부담금만 하더라도 100만 원 이상의 금액을 납부해야 한다. 따라서 언제든 무일푼으로 떠날 수 있다는 호주 워킹홀리데이와는 그 시작부터가 다르다고 할 수 있다. 자칫 CoS 유효기간 만료일이 임박하거나 출국 날짜가 임박했는데도 입국허가서를 받지 못하면 추가 비용이 발생할 수 있다. 영국으로 워킹홀리데이를 떠날 생각이라면 예상 비용을 철저하게 계산하고 시기에 맞게 미리 계획해서 불필요한 지출을 줄이는 것이 현명하다.

항목	비용	비고
공인 영어 성적 취득	44,500원	TOEIC 시험 기준
여권 발급	53,000원	10년 48면 발급 기준
YMS 비자 발급 수수료	약 370,000원	£244.00
보건부담금	약 900,000원	£600.00
결핵 검사	약 100,000원	
여행자 보험(1년)	약 300,000원	선택 사항
항공료(편도)	약 700,000원	성수기 직항 기준
임시 숙소비(일주일)	약 250,000원	런던 1존 싱글 룸 기준 약 £160
기타 비용	약 200,000원	생필품, 캐리어 등의 체재 물품 구매비
파운드 환전	약 500,000원	현지 일주일 체재비
총 예상 비용	약 3,417,500원	

23
DREAMGIRLS
23 Westbourne Park
DNH 39112

영국에서 자리 잡기

Chapter
01
/
런던의 대중교통

런던의 모든 대중교통을 이용하려면 오이스터 카드(Oyster card) 또는 컨택트리스 카드(Contactless card: 신용카드 또는 직불 카드에 비접촉 방식 결제 기능이 있는 카드로 은행 계좌 개설 시 요청해야 함)를 이용하거나 정액권 종이 티켓을 이용해야 한다. 지하철은 물론이고 버스에서도 현금으로 요금을 낼 수 없기 때문에 대중교통을 이용해야 하는 상황이라면 반드시 오이스터 카드를 구입해야 한다. 지하철역에서 1회 탑승 티켓(single ticket)을 살 수 있지만 금액이 오이스터 카드보다 최대 2배 가까이 비싸고 이용할 때마다 사야 하는 번거로움이 있다. 따라서 대중교통을 이용할 때는 오이스터 카드나 컨택트리스 카드를 사용하는 것이 효율적이다.

오이스터 카드 Oyster card

오이스터 카드는 오이스터 카드 표시가 있는 편의점이나 지하철역에 있는 자판기에서 살 수 있다. 이동 거리만큼 비용을 지불하는 'Pay as you go' 방식과 구간별로 일정 기간(1일, 7일, 1개월 또는 1년)을 무제한으로 이용할 수 있는 '정액권(travelcard)'을 구매해서 오이스터 카드에 연동할 수 있다. 오이스터 카드에 돈을 충전할 때 보증금(deposit) £5를 내야 하는데 카드를 반납하면 환불받을 수 있다. 정액권의 경우 종이로 인쇄되는 티켓을 구입한 후 종이 티켓을 사용해도 되고 오이스터 카드에 연동해서 오이스터 카드로 이용할 수도 있다. 다만 본인이 선택한 구간(zone: 존)을 초과하여 이동하게 되면 추가 비용을 지불해야 한다. 정액권의 경우 정액권 기간 동안 버스를 무료로 이용할 수 있어서 대중교통을 여러 번 환승해야 한다면 정액권을 구입하는 것이 유리하다. 정액권 티켓은 분실 시 재발급이 불가능하기 때문에 구입 후에 오이스터 카드에 연동해 두는 것이 좋다.

지하철Underground 또는 Tube과 기차

런던에서 가장 편리하게 이용할 수 있는 교통수단은 지하철이다. 1존 센트럴 런던을 중심으로 동서남북으로 지하철이 개통되어 있고 곳곳에 환승할 수 있는 환승역(junction)이 있어서 런던이 하나로 연결되어 있다. 또한 런던에는 지하철(Tube)을 비롯해서 지상철(Overground: 오버그라운드), 경전철(DLR)과 기차(National Rail service)가 런던과 런던 외곽 지역을 연결하고 있고 존 구역 내에서 요금은 지하철 요금과 동일하게 적용되고 환승 혜택은 없지만 캡핑(capping: 1일 최대 부과금)은 지하철과 똑같이 적용되기 때문에 기차를 이용해서 런던 시내에 갈 수 있다.

지하철 요금Tube, DLR, London Overground, Rail service 포함

런던의 지하철 요금은 이용 구간과 이용하는 시간대에 따라 요금이 다르게 적용된다. 지하철 이용객이 많은 출퇴근 시간대(peak time)에는 한산한 시간대(off-peak time)보다 요금이 £0.5에서 최대 £1 이상 비싸다. 1존 내에서만 이동하는 경우에는 시간대에 상관없이 1회당 £2.40 요금이 부과되고 1존에서 6존으로 이용하는 구간이 길어질수록 요금이 비싸다. 한편 1존을 거치지 않고 2존 내에서 또는 2~3존만 이동하는 경우에는 기본 요금이 £1.5로 가장 저렴하기 때문에 1존에 자주 가지 않는 사람이라면 2~3존 구간 정액권을 이용하면 교통비를 절약할 수 있다.

한편 한국과 달리 영국의 교통카드에는 환승 혜택은 없지만 1일 최대 부과 금액(cap)이 정해져 있다. 하루 최대 부과금을 '데일리 캡(daily cap)' 또는 '데일리 캡핑(daily capping)'이라고 부르며 컨택트리스 카드를 이용할 경우 데일리 캡핑과 위클리 캡핑이 자동으로 적용된다. 예를 들어, 튜브로 1존 안에서 이동하는 경우 1회에 £2.40가 부과되지만 3번 이상 튜브를 이용하더라도 하루에 £6.80(1존 1일 최대 캡핑 금액) 이상 부과되지 않는다는 뜻이다. 따라서 하루에 3번 이상 지하철을 이용하는 경우 데일리 캡핑을 활용하면 교통비를 절약할 수 있다. 또한 일주일 내내 여러 번의 대중교통을 이용할 계획이라면 7일 정액권을 구입하거나 컨택트리스 카드를 사용해서 일주일 캡핑 요금을 적용받는 것이 훨씬 저렴하다. 1개월 정액권은 일주일 정액권에 비해 할인율이 크지만 대중교통을 얼마나 이용할지 정확한 일정이 나오지 않은 상황이라면 오히려 손해일 수 있다. 1개월 정액권을 구매해 놓고 일정 횟수 이상 대중교통을 이용하지 않거나 버스만 이용하게 된다면 오히려 손해일 수 있으니 우선은 일주일 정액권으로 생활해 보고 생활이 안정되면 본인의 생활 패턴에 맞는 교통권을 구입하는 것이 현명하다.

- Peak Time: 월~금 6:30~9:30 / 16:00~19:00
- Off-Peak Time: Peak Time 외 시간, 주말 및 공휴일
- 1~2존 7일 정액권 구매 후 2존 밖(3~6존 지역)으로 이동하는 경우 추가 금액 발생

버스 & 트램

런던을 생각하면 가장 먼저 빨간색 이층버스가 떠오를 만큼 런던에는 24시간 버스가 즐비한 도시다. '더블 데커(Double Decker)' 또는 '루트마스터

(Routemaster)'라고 불리는 런던의 버스는 다양한 버스 노선과 편의성을 자랑하고 있다. 최근에는 버스-트램 환승 제도가 도입되면서 그 편리성과 경제성이 배가되었다. 이층버스 맨 앞자리에서 바라보는 런던의 풍경은 그 자체로 관광이기 때문에 런던에 머문다면 꼭 한번은 탑승해 봐야 한다. 한편 런던의 트램은 다른 유럽 지역과 조금은 차이가 있다. 시내 도로 한가운데를 통과하는 기타 유럽 국가의 트램과는 달리 런던에는 윔블던(3존)과 크로이든(5존)을 연결하는 트램이 유일하다. 오이스터 카드나 컨택트리스 카드 이용 시 요금은 버스와 동일하며 버스-트램 간 환승 혜택도 받을 수 있다. 런던의 버스는 1회에 £1.50로 최초 탑승 시간을 기준으로 한 시간 동안 무제한으로 이용할 수 있다. 버스만 이용하는 경우 하루 최대 부과 금액은 £4.50로 지하철 요금에 비해 매우 저렴하고 버스와 지하철 간 환승 혜택은 없다.

택시: 블랙캡과 우버

빨간 버스와 함께 런던의 상징으로 여겨지는 런던의 택시는 '블랙 캡(Black Cab)'이라고 부른다. 기본 탑승 요금은 £2.60로 시작해서 이동한 거리에 비례해서 비용이 발생한다. 고급스러운 외관만큼이나 요금이 비싸서 현실적으로 워홀러가 이용하기에는 무리가 있지만 친구들과 함께 한 번쯤 타 보는 것도 런던에서의 추억이 될 것이다. 한편 대중교통을 제외하면 최근 영국 내에서 가장 인기 있는 교통 서비스는 단연 우버(Uber)다. 우버는 저렴한 요금으로 승용차를 이용할 수 있는 택시 대용 서비스이기 때문에 영국 내에서 이사를 하거나 늦은 시간에 이동해야 할 때 우버 서비스를 이용하면 비교적 저렴한 비용으로 편하게 이동할 수 있다. 비용은 거리와 탑승 시간에 따라 다르며 예상 청구 금액도 휴대 전화 애플리케이션을 통해 탑승 전에 확인할 수 있다. 더불어 앱에서 우버 기사의 신상 정보와 평점을 비롯해 이동 경로도 확인할 수 있어서 늦은 시간 귀가하는 여성들에게 인기가 높다.

★ 런던 교통 찾기 유용한 사이트 및 애플리케이션

Transport for London TFL 홈페이지

회원 가입 후 본인의 오이스터 카드 또는 컨택트리스 카드를 등록하면 카드 이용 내역 및 일정을 확인할 수 있다. 컨택트리스 카드를 사용하는 경우에는 반드시 TFL 홈페이지에 등록해야 자동 위클리 캡핑(automatic weekly capping)을 적용받을 수 있다.

● 홈페이지: https://tfl.gov.uk/

시티 맵퍼 Citymapper

스마트폰 교통 애플리케이션으로 현지에서 대중교통 구간을 검색할 때 구글 맵보다 많이 사용하는 앱이며 정류장 안내를 비롯해서 이용 요금, 도착 시간까지 확인할 수 있어 현지에서 교통편을 알아볼 때 가장 유용하게 사용된다.

구글 맵 Google Maps

런던의 길뿐만 아니라 정류장 정보와 런던에서 외곽 지역으로 운행되는 기차 정보도 찾을 수 있어서 교통 정보를 찾을 때 유용하다.

Chapter
02
/
공항에서 시내 찾아가기

공항에서 런던 시내 1존으로 이동하기

	지하철	히드로 익스프레스	우버	사설 픽업 서비스
Peak Time	£5.10	£25.00	거리 비례 요금 약 £45~55	£50.00 내외
Off-Peak Time	£3.10	£22.00		

지하철

런던 히드로 공항에서 지하철로 런던 시내로 이동하려면 피커딜리 라인(Piccadilly Line)을 탑승해야 한다. 별도의 예약이 필요 없기 때문에 사전에 공항 교통 정보를 확인하지 못했거나 교통비를 줄이고 싶다면 가장 편리한 교통수단이다. 피커딜리 라인은 히드로 공항에서 런던의 주요 명소를 지나쳐 런던 시내 중심부인 피커딜리 서커스까지 한 번에 이동할 수 있다.(약 40분 소요)

히드로 익스프레스 Heathrow Express

히드로 공항과 런던 1존 패딩턴(Paddington)역을 연결하는 공항 익스프레스

Piccadilly line

Off-peak running times between stations
Please allow slightly longer for your journey during peak hours

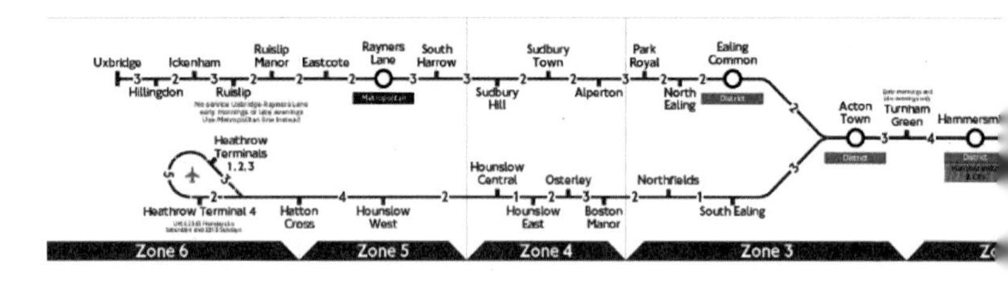

기차다. 비용은 시간대에 따라 고정된 금액이며 사전에 온라인으로 예약할 수 있고 공항에서 구매할 수 있다. 하지만 온라인 예약 금액이 £5 정도 저렴하므로 히드로 익스프레스를 이용할 계획이라면 사전에 예매할 것을 추천한다. 히드로 익스프레스 티켓의 경우 사전 예매를 하면 대폭 할인된 금액으로 살 수 있다. 90일 전에 예약하면 편도 티켓을 최저 £5.5에 예매할 수 있으니 출국일이 정해졌고 히드로 익스프레스를 이용할 생각이라면 미리 예매해 두자.

● 홈페이지: https://www.heathrowexpress.com/tickets-deals/prices-fares

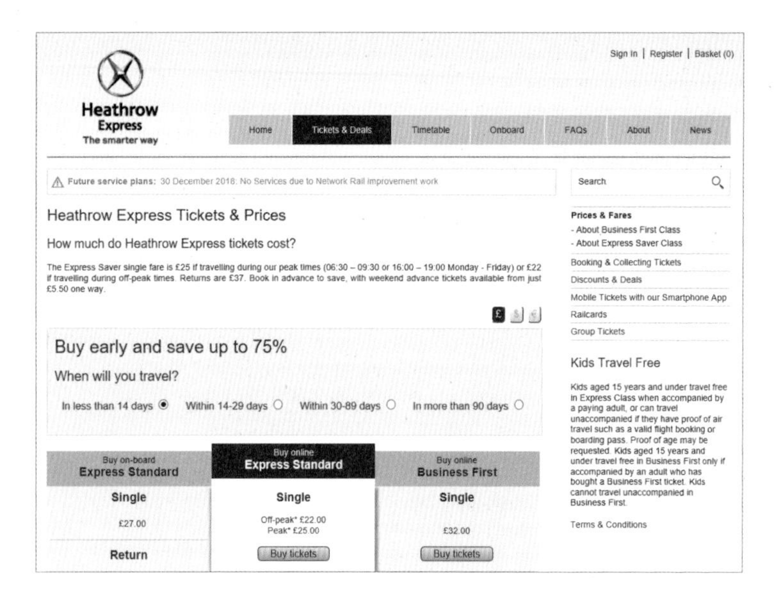

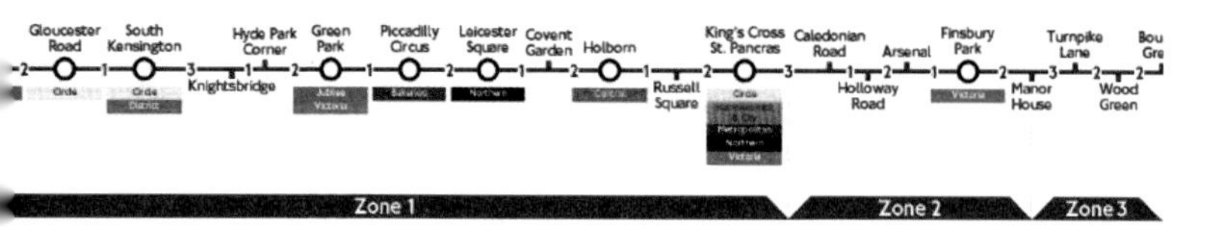

우버

블랙캡보다 저렴하고 대중교통보다 편리하게 무거운 짐과 함께 이동할 수 있어서 입국 시 유용하게 이용할 수 있다. 금액은 거리 비례로 계산되며 일반적으로 히드로 공항에서 센트럴 런던 1존 워털루(Waterloo)역까지 약 £45~£55 정도이며 목적지에 따라 금액이 달라지고 애플리케이션을 통해 금액을 확인할 수 있다.

픽업 서비스

한인 커뮤니티 사이트를 찾아보면 공항 픽업 서비스를 제공하는 업체를 종종 찾아볼 수 있다. 이동해야 하는 곳이 멀거나 마땅한 교통편이 없다면 픽업 서비스를 이용하도록 하자. 비용은 런던 1존 기준으로 £50 내외로 조금 비싼 편이지만 현지에 생활하는 한국인에게 여러 가지 생활 정보를 얻을 수도 있기에 이용할 만하다.

공항에서 런던 외 지역으로 이동하기

영국의 시외버스와 기차표는 미리 예매할수록 금액이 저렴하고 출발 시간이 임박할수록 푯값이 비싸지므로 런던 외곽 지역으로 이동할 계획이라면 사전에 미리 버스나 기차표를 예약하고 스마트폰 애플리케이션 e-티켓이나 티켓을 출력해서 준비하도록 하자. 종종 휴대 전화 애플리케이션 e-티켓을 인정하지 않는 경우도 있으니 만약을 대비해서 출력된 티켓을 준비하는 것이 좋다.

시외버스 National Express

일반적으로 일반석과 우등석에 대한 구분은 없으며, 완행과 직행의 구분이 있으므로 티켓 예매 시 소요 시간을 확인하고 예매해야 한다. 일반적으로 수하물은 2개까지 허용되는 경우가 보통이지만 이동 거리나 운행하는 회사에 따라 정책이 다를 수 있으니 반드시 예매 전에 수하물 규정도 확인하도록 하자.

★ 영국에서는 일반 시내버스 외에 시외를 운행하는 시외버스를 '코치(Coach)'라고 부른다. 런던의 시외버스 터미널은 빅토리아 코치 스테이션(Vitoria Coach Station)이며 런던 히드로 공항 2&3 터미널에도 공항과 시외 지역을 운행하는 코치를 탑승할 수 있는 버스터미널(Central Bus Terminal)이 있다.

기차

히드로 익스프레스 또는 지하철로 런던 시내에 위치한 패딩턴역 또는 유스턴역으로 이동해서 탑승해야 하는 번거로움이 있고 가격도 상당히 비싸지만 빠르고 편안한 좌석과 기차 내에 화장실도 완비되어 있어서 장거리 이동 시 적합하다.

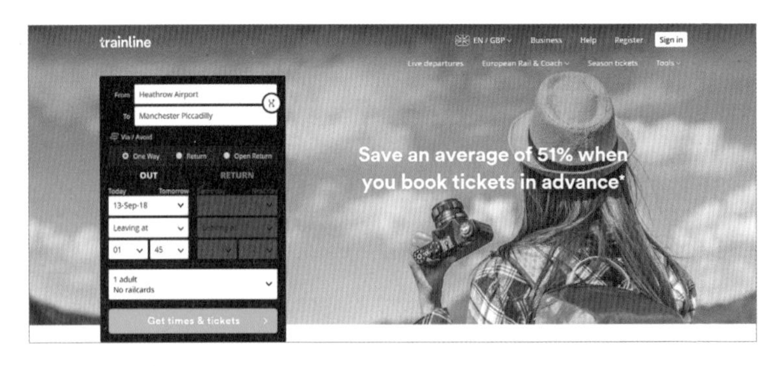

영국은 철도 민영화의 실패 국가로도 유명한데 철도가 민영 회사에 의해 운행되다 보니 그 품질과 서비스는 매우 우수하지만 기차표가 터무니없이 비싸졌다. 또한 표를 예매하는 시기에 따라서 최소 두 배에서 많게는 100배까지도 차이가 나는데, 출발일이 임박하면 일명 '땡 처리'로 남은 티켓을 저렴하게 판매하는 우리나라와는 다르게 영국에서는 출발 시간이 임박할수록 푯값이 비싸진다. 따라서 기차를 이용하려면 미리미리 예매하는 것이 현명하다.

★ 예) 런던 히드로 공항에서 맨체스터로 이동할 때
런던 히드로 익스프레스 – 런던 패딩턴역 – 런던 유스턴역 – 맨체스터 피커딜리역
기차표 가격: 평균 £150~£300 사이(예매 시기에 따라 금액 차이가 큼)
● 홈페이지: https://www.thetrainline.com/

비행기

버밍엄, 맨체스터, 리버풀, 에든버러를 비롯해 주요 거점 도시에는 대부분 공항이 있다. 대부분의 공항이 국제선과 국내선을 함께 취항하고 있어 런던 히드로 공항에서 쉽게 환승할 수 있다. 런던 외 지역에 정착할 예정이라면 굳이 히드로 공항을 거치지 않고 제3국에서 스톱오버 하거나 환승을 통해 해당 지역으로 바로 입국하는 것이 가장 좋다.

Chapter 03 / 장기 숙소 구하기

영국의 주거 형태

영국은 비싼 집값 때문에 일반 가정집에서도 빈방을 세놓는 것을 흔히 볼 수 있다. 집을 다른 사람과 공유하는 형태를 하우스 셰어(House share) 또는 플랫 셰어(Flat share)라고 부른다. 더 작은 단위로 큰 방에서 여러 명이 셰어할 때는 룸 셰어(Room share)라고 부르며 셰어 하는 사람의 수에 따라 트윈(2인) 룸 또는 트리플(3인) 룸이라고 부른다. 인척 관계가 아닌 사람과 집을 셰어하는 것이 익숙하지 않는 한국인에게 영국의 주거 형태는 그야말로 충격의 연속이다. 비싼 집값에 비해 현저히 떨어지는 내부 시설과 의식주 문화가 다른 사람들과의 하우스 셰어 생활은 녹록치 않다. 따라서 본인의 성향에 따라 집을 구하는 것이 중요하다. 만약 한국인들과 셰어하는 것을 선호한다면 한국인 커뮤니티 사이트를, 현지인 또는 외국인 친구들과 함께 생활하고 싶다면 현지 커뮤니티를 통해 집을 구하는 것이 좋다. 집을 구할 때 시세보다 현저하게 저렴하다면 정상적인 하우스인지 한 번쯤 의심해 보아야 하며 방세 외에 추가로 부가되는 금액은 없는지 집주인의 신분이 확실한지 여부 등을 잘 확인하고 집을 계약해야 한다.

셰어 하우스 월평균 방세와 거주 지역 추천

런던	싱글룸	지역 추천
1존	평균 £650	Holborn, Earl's Court, Kensington, Piccadilly Circus, Paddington, Victoria, Pimlico
2존	평균 £600	Fulham Broadway, Putney, Camden, Hammersmith, Swiss Cottage, Hampstead Heath, St John's wood, Canada Water, Canary Wharf
3존	평균 £600	Wimbledon, Chiswick, Golders Green, Stratford, Finchley
4존	평균 £500	Raynes Park, New Malden, Richmond, Morden
5존	평균 £480	Croydon, Twickenham
6존	평균 £480	Kingston, Hampton Court, Surbiton

한국인들이 많이 거주하는 지역은 비공식 한인 타운인 뉴몰든(New Malden)을 비롯해서 스위스 코티지(Swiss Cottage), 윔블던(Wimbledon)과 카나리 워프(Canary Wharf)가 대표적이다. 보통 런던 1존의 경우 비싼 시세에 비해 시설이 낙후된 경우가 많아서 깔끔한 주거 시설을 원하는 한국인들은 선호하지 않으며 관광객이 붐비는 지역이기 때문에 주거 지역으로 적합하지 않다. 2~3존의 방세는 1존과 큰 차이가 없지만 대부분 집이 쾌적하고 1존에 비해 방이 넓은 편이어서 대부분의 워홀러들이나 어학연수생들은 2존이나 3존에 정착한다. 한국인이 많이 거주하는 지역은 대부분 치안이 안전하고 한국 슈퍼마켓이나 식당을 쉽게 찾을 수 있으며 가격대도 시설 대비 많이 비싸지 않은 편이다. 특히 뉴몰든 지역은 한국인 가정집에서 세를 주는 경우가 많아서 방세가 저렴한 편이다. 월세 금액 차이가 크지 않더라도 런던 시내의 방은 크기가 매우 작고 외곽 지역으로 갈수록 크고 쾌적한 편이다.

장기 숙소 찾기에 유용한 사이트

<table>
<tr><th colspan="2">사이트</th><th>장점</th><th>단점</th></tr>
<tr><td rowspan="2">한인 커뮤니티</td><td>영국 워킹홀리데이 페이스북 페이지</td><td rowspan="2">- 현지에서 생활 중인 한국인이 게시물을 올리므로 사기 위험이 적고 시설이 깨끗하다.
- 한국 음식 조리 제약이 거의 없다.</td><td rowspan="2">- 가정집의 경우 종종 귀가 시간 제한 및 기타 제약이 있는 경우가 있다.
- 장기 미계약 또는 반복적으로 게시된 글은 집에 문제가 있는 경우가 많다.</td></tr>
<tr><td>영국사랑 (04UK)</td></tr>
<tr><td rowspan="2">현지 사이트</td><td>스페어룸 (SpareRoom)</td><td rowspan="2">- 외국인들끼리 셰어하는 집이 대부분이어서 외국인 친구를 사귈 수 있다.
- 영어를 필수적으로 사용해야 하므로 회화 능력 향상에 도움이 된다.</td><td rowspan="2">- 일부 게시물은 유료 결제를 해야 확인할 수 있다.
- 부동산 에이전트 게시물이 많아서 부동산 이용료를 지불해야 한다.
- 냄새가 심한 한국 음식은 해 먹지 못할 수도 있다.
- 검트리의 경우 룸 렌트보다는 집 전체를 판매하는 경우가 많다.</td></tr>
<tr><td>검트리 (Gumtree)</td></tr>
</table>

집 구할 때 알아 두어야 하는 용어

PCM(Per Calender Month)	월 단위 방세
PW(Per Week)	일주일 방세
Deposit	보증금
Notice	노티스
to Let	세를 놓다
Viewing	집 둘러보기
INC Bills(Including Bills)	전기, 수도 요금, 카운슬 세금 등의 세금 포함
EXC Bills(Excluding Bills)	세금 별도
Wi-Fi/Broadband	와이파이/인터넷
Electricity/Water/Gas	전기/수도/가스 요금
Minimum/Maximum Stay	최소/최대 계약 기간
Furnished	기본 가구 제공
Single Room	싱글 침대가 들어가는 크기의 방

Double Room	더블 침대가 들어가는 크기의 방
En Suite Room	화장실이 딸려 있는 방
Studio	주방, 화장실 및 침실이 한곳에 갖춰진 룸(한국식 원룸)
Reception Room	거실을 방으로 개조한 룸(보통 1층에 위치)
Extra Toilet	샤워 및 세면 시설 없이 변기만 있는 화장실
Wooden Floor	나무 바닥(이 외 대부분 카페트 설치)
Landlord/Landlady	집주인/여자 집주인
Professional/Student	직장인/학생
Agent	부동산 대리인

집 계약하기

집을 계약할 때는 반드시 직접 방문해서 뷰잉(viewing: 방 둘러보기)을 진행하고 샤워 시설이나 가구 제공 여부 등의 계약 조건을 꼼꼼히 따져 봐야 한다. 예를 들어, 가구가 제공되지 않는 방을 계약한다면 초기에 가구 구입 비용으로 상당한 지출이 생길 수 있으며 이사할 때 직접 처분해야 하는 문제도 생긴다. 따라서 가구가 갖춰진 방을 계약하는 것이 좋고 여러 명이 함께 쓰는 집일 경우 화장실이나 샤워실의 개수도 고려해야 할 부분이다. 출근 시간이 겹치는 경우 화장실과 샤워실 사용이 어려울 수 있기 때문이다. 또한 함께 생활해야 하는 사람들의 성별도 따져 보아야 하는데 남녀가 한 집에서 동거하는 것을 꺼리는 사람의 경우에는 남성 전용 또는 여성 전용 하우스인지 계약 전에 확인해 봐야 한다.

월세를 계산할 때는 공과금(bill)이 포함되어 있는지의 여부가 상당히 중요하다. 영국에서는 물, 전기세, 가스비 등의 공과금이 한국보다 훨씬 비싸므로 공과금이 포함되어 있지 않다면 매달 예상치 못한 추가 비용이 생기게 된다. 또한 부동산 대리인(agent)을 통해 집을 계약하게 되면 집에 관련된 시설 보수까지 관리해 주기 때문에 에이전트를 통해 계약하는 것이 가장 안전하지만 비싼 중개 수수료가 부담될 수 있다. 영국에서는 집과 관련된 피해 사례가 극히 드물기 때문에 직접 집주인과 계약해도 크게 무리는 없다. 하지

A License for Shared Occupation of a Furnished House

The PROPERTY	71 Mirador Crescent, Slough, Berkshire, AB0 0AB.
The LANDLORD	Mr Gildong Hong
of	Richmond House, Richmond Crescent, Slough, Berkshire, AA0 0AA
The SHARER	Ms Yeongeun Hwang
The PERIOD	Three complete months (min) beginning on 31st January 2016 and ending on 30th April 2016.
TERMINATION	**After the end of the above Period,** either party may end this License by giving to the other written notice of not less than 1 Calendar month
The PAYMENT	£350 per month payable in advance of the 1st day of each calendar month. (Not inclusive of gas and electricity bills)
The UTILITY Bills	The Sharer will be jointly and severally liable with other sharers for the Gas and Electricity bills. The landlord will be liable for Council Tax, Water and Broadband Internet bills incurred at the property.
Special Condition	The Sharer will be responsible for deep cleaning the property once a week, (including tidying the front & back garden).
The DEPOSIT	£350
The INVENTORY	means the attached list of the Landlord's possessions at the Property which has been signed by the Landlord and the Sharer

IMPORTANT NOTICES:

1) The law requires that the written notice should not be less than four weeks in the case of notices given by the Landlord.
2) This is not a tenancy agreement, but a licence to occupy a furnished room in the serviced residence and this license confers no security of tenure.
3) Should the license be broken after the Period your bond is non-returnable unless 1 Calendar months notice has been given.

I, the undersigned, understand that this is a legally binding contract. I have read the attached terms and conditions and that by signing below I am agreeing to be bound by the terms and conditions contained within.

SIGNED	....	....
PRINT	Ms Yeongeun Hwang	Mr Gildong Hong
DATE	22nd January 2018 **(The Sharer)**	22nd January 2018 **(The Landlord)**

THIS HOUSE SHARE LICENSE comprises the particulars detailed above and the terms and conditions attached whereby the Property is licensed by the Landlord and taken by the Sharer for occupation with other sharers during the Period upon making the Payment.

만 직접 계약할 때는 계약서 내용과 노티스 기간을 꼼꼼하게 확인하는 것이 무엇보다 중요하다. 시설 낙후·파괴 등의 이유로 수리 비용을 보증금에서 차감하거나 계약 위반을 이유로 돌려주지 않는 경우가 종종 있다. 따라서 입주 전에 방 사진을 찍어 두고 계약서 내용을 잘 숙지하고 보관해야 한다. 만약 집과 관련된 문제가 생기면 해당 지역 관청(Council)에 신고하면 도움받을 수 있다.

런던 1개월 초기 정착 예상 비용

영국에 도착하자마자 일을 시작한다고 하더라도 급여를 주급 또는 월급으로 받아야 하기 때문에 초기에 들어가는 비용은 한국에서 마련해서 입국해야 한다. 기본적으로 장기 숙소를 계약할 때 보증금과 월세를 입주할 때 납부해야 하므로 이 비용은 반드시 마련해 두어야 하며 본인의 예산 상황에 맞는 지역에 집을 구해야 한다. 또한 교통비를 비롯해서 영국 입국 후에 기본 생필품을 갖추기 위해 초기에 목돈이 들어갈 것이 분명하므로 충분히 예산을 짜고 본인의 소비 습관 대비 적절한 예산을 갖추고 입국하는 것이 좋다.

항목	예상 비용	비고
숙소비(1개월)	약 800,000원	£550~£600(런던 2~3존 싱글 룸 기준)
숙소 보증금(deposit)	약 800,000원	일반적으로 1개월치 방세
교통비	약 190,000원	1개월(1~2존 약 £130)
식비	약 400,000원	
생활비	약 300,000원	통신, 쇼핑 및 기타 체재비
비상금	약 200,000원	
합계	약 2,690,000원	

Chapter 04

/

BRP 수령과 NI 넘버 신청

BRP 수령

영국에 도착해서 숙소에 짐을 풀었다면 가장 먼저 해야 할 일은 BRP(Biometric Residence Permit)를 수령하는 것이다. BRP는 일종의 외국인 등록증으로 외국인이 영국에서 체류할 때 신분을 증명하기 위한 용도로 만들어진 제도다. 외국인에 대한 관리가 좀 더 강화되었다는 의미로 해석할 수 있고 합법적인 비자 소지자는 반드시 BRP를 소지해야 한다. BRP는 YMS 비자 온라인 신청 시 지정했던 우체국에 방문해서 받을 수 있고, 영국 입국 후 10일 이내 또는 비네트 유효 기간 내에 수령해야 한다. 부득이하게 정해진 기간 내에 받을 수 없거나 주거 지역이 변경되어 BRP 수령 장소를 변경해야 한다면 BRP 콜렉션 서비스(BRP Collection Services)를 제공하는 영국 우체국 지점을 통해서 원하는 지역 우체국으로 이전할 수 있지만 £20 정도의 수수료가 발생한다.

BRP 수령 장소 변경 방법

① 영국 Post Office 홈페이지 접속

- https://www.postoffice.co.uk

② Branch Finder에서 원하는 지역명 입력
③ Refine branch services (optional)에서
BRP Collection Service 선택 후 검색
④ BRP 콜렉션 서비스를 운영하는 우체국 중에서
원하는 우체국에 방문해서 BRP 콜렉션 서비스 신청
⑤ 수수료 납부 후 약 7일 뒤에 다시 지정한 우체국에서 수령

BRP 재발급

BRP를 분실하면 신분 증명이 어렵고 재발급 비용도 비싸기 때문에 분실하지 않도록 항상 주의해야 한다. 하지만 영국 내에서 부득이하게 BRP를 분실했을 때는 반드시 3개월 이내에 재발급 신청을 해야 한다. 재발급 신청을 하지 않았다는 이유만으로도 최대 £1,000의 벌금을 추징당할 수 있기 때문이다. 재발급 신청 비용은 £56이며 재발급 신청서를 작성해서 수수료를 카드 결제 또는 수표, 우편환(postal order: 우체국에서 판매하는 선불 수표) 등의 방법으로 지불하고 처리 기관인 'Home Office' 주소로 발송하면 된다. BRP 재발급 신청은 반드시 영국 내에서 이루어져야 하며, 영국 외 국가(해외)에서 BRP를 분실했을 때는 'Replacement BRP visa'를 우선 신청하여 영국에 입국한 후에 BRP 재발급을 신청할 수 있다. 이 경우 £154의 비자 신청 비용이 추가로 발생하고 영국 입국 후 1개월 안에 BRP 재발급 신청을 완료해야 한다.

BRP 재발급 신청 안내 및 신청서 다운로드
- https://www.gov.uk/biometric-residence-permits/replace-visa-brp

NI 넘버 신청

NI 넘버란 National Insurance Number의 약자로, 영국에서 합법적으로

일하고 그에 대한 대우를 보장받기 위해서는 반드시 가입되어 있어야 한다. NI 넘버는 숫자와 알파벳 9자리로 구성된 고유 번호이며 한번 발급된 NI 넘버는 평생 유효하다. 전화로 본인의 이름과 집주소를 말하고 간단한 인터뷰를 진행한 후에 잡센터(Jobcentre) 방문 인터뷰 일정을 잡아 준다. 이후에 신청인의 집으로 참조 번호인 레퍼런스 넘버(reference number)와 잡센터 인터뷰 일정이 적힌 NI 넘버 신청서를 우편으로 발송해 준다. 약속된 날짜에 잡센터에 방문하여 오프라인 인터뷰를 진행하고 약 4주 후에 NI 넘버가 적힌 편지를 우편으로 받게 된다. 영국에서 일자리를 구할 때 반드시 NI 넘버를 소지하고 있어야 하는데 NI 넘버 발급까지 약 4주의 시간이 소요되기 때문에 도착해서 BRP 수령 후 곧바로 신청해야 한다.

잡센터 방문 시 지참해야 할 서류	NI 넘버 신청 전화 번호
● NI 넘버 신청서, 여권, BRP	● 0345 600 0643

NI 넘버 신청 방법 ★2018년 개정

① NI 넘버 신청 전화 번호로 전화 걸기

② 전화 인터뷰 진행: 상담원의 간단한 질문에 답변하기

★ 예상 질문

- NI 넘버가 왜 필요한가요?
- 국적이 어디인가요?
- 영국에 언제 도착했나요?

③ 전화 인터뷰가 끝나면 잡센터 인터뷰 일정 잡고 통화 종료

④ 우편으로 레퍼런스 넘버와 잡센터 인터뷰 약속 날짜가 적힌 NI 넘버 신청서 수령

⑤ 약속된 날짜에 신청서 및 여권, BRP를 가지고 잡센터 방문하여 인터뷰 진행

⑥ 약 4주 후에 우편으로 NI 넘버 수령

Glasgow Portcullis (LN) Jobcentre Plus Office
5th Floor, Portcullis House, 21 India Street, Glasgow, G2 4PH
Telephone: 0345 6000643 Text Tel: 0845 6088551 Fax: 0845 6415075

Department for
Work and Pensions

Lowoon Choi
Kirkstall House
Flat 1
Abbots Manor
London
SW1W 4JW

Contact Telephone No: 0345 6000643
Date: 12th December 2017

Dear Miss Choi

About your National Insurance Number (NINo)

You recently applied for a NINo.

Your NINo has now been allocated and I can confirm it as:

S	Y	0	0	0	0	0	0	Y

Please note that this letter, containing your NINo, does not prove your Right to Work in the UK and, on its own, cannot be used to prove your identity.

It is important to keep this letter safe. To help prevent identity fraud; do not give your NINo to anyone who does not need it.
You must give your NINo to your employer when you start work. This will make sure you pay the correct amount of tax and National Insurance contributions. If you do not tell your employer your NINo it may cause a delay in the payment of any benefits you may claim in the future.

To find out more about your NINo, why it is important and what to do if you lose it go to http://www.direct.gov.uk/en/MoneyTaxAndBenefits/Taxes/BeginnersGuideToTax/NationalInsurance/IntroductiontoNationalInsurance/DG_190057

If you are receiving benefits and your circumstances change, including changes to address, name or marital status, you must inform the office paying your benefit.

If you are not receiving benefits you should let HM Revenue & Customs (HMRC) know about any changes by writing to: HMRC, National Insurance Contributions & Employer Office, Benton Park View, Newcastle upon Tyne, NE98 1ZZ

Yours sincerely

On behalf of Manager

www.dwp.gov.uk NINO Allocation Letter

★ NI 넘버 신청 시 유용한 Tip

영국에서 통화할 때 발음상의 문제로 철자를 묻는 경우가 종종 있다. 우리나라에서도 상대방이 알아듣지 못하는 경우 '황금' 할 때 '황' 이런 식으로 설명하듯이 상대방이 실수하지 않도록 철자를 알려 주는데 영국도 마찬가지다. 예를 들어, 전화상으로 나의 성인 황(HWANG)을 말하는데 상대방이 스펠링을 요구한다면 "H for Hotel, W for Whiskey, A for Alpha, N for November, G for Golf."라고 말해 줘야 한다. 이렇게 알파벳 스펠링을 명확하게 말하기 위해 정리해 놓은 표가 있는데 그것을 '음표 문자', 영어로는 'Ponetic Alphabet'이라고 한다. 전화로 NI 넘버를 신청할 때 상담원이 정확한 스펠링을 요구할 수 있으니 음표 문자를 미리 준비해 두는 것이 좋다. 최소한 자기 이름 스펠링의 알파벳 예시 문자를 미리 준비해 두면 당황하는 일이 없을 것이다.

Ponetic Alphabet 차트

A	Alpha	H	Hotel	O	Oscar	V	Victor
B	Bravo	I	India	P	Papa	W	Whiskey
C	Charlie	J	Juliet	Q	Quebec	X	X-ray
D	Delta	K	Kilo	R	Romeo		
E	Echo	L	Lima	S	Sierra		
F	Foxtrot	M	Mike	T	Tango		
G	Golf	N	November	U	Uniform		

Chapter 05

/

휴대 전화 개통과 국제 전화

영국에서 휴대 전화 사용하기

영국에서는 별도로 통신사에 가입하는 절차 없이 심카드(SIM card)를 사서 기존에 사용하던 휴대 전화에 꽂기만 하면 전화를 개통할 수 있다. 단 이 경우에 본인의 휴대 전화가 외국에서도 사용할 수 있는 언락폰(unlock phone)이어야 한다. 출국 전에 한국에 있는 대리점에 방문해서 본인 휴대 전화가 언락폰인지 확인하고 만약 락(lock)이 되어 있다며 반드시 해제해야 영국에서 사용할 수 있다. 한국에서 유심칩이라고 부르는 심카드는 한국에서 미리 사도 되지만 현지 가격보다 비싸므로 현지에서 구매해도 큰 무리는 없다. 심카드는 히드로 공항 자판기에서도 살 수 있지만 대리점에서 무료로 얻을 수 있고 원하는 요금제를 알아보고 사는 것이 장기적으로 봤을 때 훨씬 경제적이다. 영국 통신사도 한국처럼 약정 할인이나 휴대 전화와 요금제를 결합해서 판매하는 딜(deal)을 판매하고 있으니 본인의 휴대 전화 사용량에 따라 통신사와 요금제를 선택하면 된다. 각 통신사의 홈페이지에 이용 요금에 대해 자세히 설명되어 있으니 통신사별 요금 정책을 확인할 수 있다.

영국의 통신사

영국에도 한국처럼 여러 통신사가 존재하고 통신사별로 요금 정책이 조금씩 다르다. 그중에서 워홀러들과 유럽 여행자들에게 가장 인기 있는 통신사는 3(쓰리: Three)이다. 통화와 문자 서비스가 포함된 데이터 무제한 요금이 한 달에 £35(약 5만 원)이며 12개월 약정을 체결하는 경우 할인 혜택도 받을 수 있다. 워홀러와 여행자들에게 쓰리 통신사가 인기 있는 이유는 유럽, 미국, 남미, 아시아 지역을 아우르는 70개국에서 별도의 추가 요금 없이 본인의 데이터 용량 내에서 무료 로밍을 이용할 수 있기 때문이다. 유럽 여행을 자주 다니는 워홀러들의 특성상 여행지에서 별도의 심카드를 구입하지 않아도 된다는 점이 쓰리를 선택하는 가장 큰 이유다. 하지만 쓰리 통신사는 종종 통화 서비스가 먹통이 되는 등 통화 품질이 다소 저하되는 경우도 있다. EE 통신사가 통화 품질이 가장 좋지만 쓰리 통신사보다 요금이 조금 비싼 편이다. 영국 대부분의 셰어 하우스는 와이파이 시설이 갖춰져 있고 식당이나 도서관에서도 무료로 와이파이를 이용할 수 있어서 많은 양의 데이터가 필요 없다면 기프가프(giffgaff)의 구디백(goody bag)을 구매해서 사용하는 것이 가장 경제적이다.

쓰리 통신사 충전하기Top-up

① 원하는 요금제(All-in-one: 데이터, 전화, 문자가 포함되어 있는 요금제) 선택하기
 - 모든 요금제는 충전한 날부터 30일간 유효, 잔여 용량 이월 또는 환불 불가

② 홈페이지에서 충전하기: 충전할 전화 번호를 입력하고 카드 또는 바우처 중에서 결제 방식 선택
 - 바우처로 충전할 때는 상점(일반 슈퍼마켓, 편의점에서 판매)에서 바우처를

미리 구매하고 바우처에 적혀 있는 바우처 넘버 16자리를 입력

★ 홈페이지에서 충전하는 웹 탑업 방법 외에도, 전화/My3 계정/은행 ATM/바우처 등 다양한 방법으로 충전할 수 있다. 자동이체(Automatic Top-up)로 1년 이상 계약하면 매월 할인 혜택을 받을 수 있고 매달 충전해야 하는 번거로움을 줄일 수 있다. 한편 휴대 전화 단말기가 필요한 경우에 공기계 값을 전액 지불하고 구매해도 되지만 영국의 통신사들도 한국처럼 약정(deal)을 통해 휴대 전화 기계와 요금을 결합해서 판매한다. 통신사의 홈페이지나 지점에 방문하면 원하는 휴대 전화을 선택하고 약정 계약을 할 수 있다.

데이터와 와이파이Wi-Fi 이용

한국만큼은 아니지만 영국도 무선 인터넷이 잘 발달되어 있다. 대부분의 상점에서 무선 인터넷을 사용할 수 있고 셰어 하우스에도 대부분 무선 인터넷이 갖춰져 있다. 하지만 LTE와 5G의 빠른 인터넷을 사용하는 한국인에게 영국의 인터넷 속도는 매우 느리게 느껴질 수밖에 없다. 또한 이용자가 많은 센트럴 런던에서는 전화가 먹통이 되기도 하고 건물 안에서는 데이터 신호가 끊기는 경우도 있다. 또한 한국인에게는 믿기지 않을 일이지만 지하철 내에서는 전화와 인터넷을 사용할 수 없다. 최근에는 지하철역 안에서 와이파이를 이용할 수 있게 되었지만 지하철이 이동하는 순간에는 이용할 수 없고 지하철역 안에 있을 때만 한정적으로 이용할 수 있다.

국제 전화와 인터넷 전화

불과 10년 전만 해도 먼 길을 떠나는 유학생들에게 국제 전화 카드는 필수였고 인터넷 전화기가 등장하면서 인터넷 전화를 구비해서 떠나는 사람들도 있었다. 하지만 요즘에는 스마트폰으로 메시지 발송과 화상 전화까지 되기 때문에 인터넷 전화나 국제 전화를 사용할 일이 거의 없고 셰어하는 영국 하우스의 특성상 집 전화기를 구비해 둔 집도 찾기 어렵다. 국제 전화 카드를 구비해 왔다면 시내 곳곳에 설치된 공중전화를 이용해서 걸 수 있다.

Chapter

06

/

영국의 병원과 약국

영국의 의료 서비스

영국의 의료 서비스를 이용하려면 우선 집에서 가까운 동네 보건소, 즉 GP(general practitioner)에 등록해야 한다. 동네 보건소를 이용하려면 사전 예약이 필수이며 GP에 등록되어 있지 않으면 약속을 잡을 수 없고 등록 기간도 일주일 정도 걸리므로 영국 입국 후에 미루지 말고 아프기 전에 미리 등록해 두는 것이 좋다. 만약 예기치 못한 상황이 발생하여 예약 없이 병원을 이용하고 싶다면 사설 병원(private hospital) 또는 NHS에서 제공하는 Walk-in(예약이 필요 없는 진료소)을 찾아가면 된다. GP나 Walk-in에서 의사의 소견에 따라 정밀 진단이 필요한 경우에 한해서 큰 병원(hospital)에 약속 또는 검사 일정을 잡아 주고 안내에 따라 진료를 받으면 된다.

GP 등록하기

NHS 홈페이지에 접속해서 본인 집주소를 입력하면 집 주변 병원(surgery) 리스트를 확인할 수 있다. 검색된 리스트 중에서 평점, 시설, 위치 등을 고려하여 본인이 원하는 병원에 방문해서 등록 신청을 할 수 있다. 병원 내 비치된 등록 신청서를 작성해서 접수 담당자에게 접수하면 약 일주일 뒤에 우편으로 GP 등록 완료 레터를 받게 된다.

- NHS 홈페이지: https://www.nhs.uk
- GP 등록 시 구비 서류: BRP

영국의 응급실과 Walk-in

타지에서 아플 때만큼 서글플 때가 없다. 아프지 않는 것이 최선이고 한국에서 기본적인 상비약을 챙겨 오는 것이 좋지만 급작스럽게 아프거나 심각한 부상을 입었을 경우에는 GP 예약을 통한 일반 진료가 아니라 응급 진료소를 찾아갈 수 있다. 센트럴 런던에는 여러 Walk-in 센터가 있지만 런던 외곽 지역에는 구역마다 하나씩 있기 때문에 본인의 거주 지역에서 가장 가까운 Walk-in이나 hospital(대학병원) 위치를 알아 두면 갑자기 아플 때 찾아갈 수 있다.

★ 의료 관련 비상 연락처
- NHS 전화 번호: 111
- 앰뷸런스 서비스 전화 번호: 999

영국의 치과

영국 치과의 경우 NHS 보험이 일부 적용되긴 하지만 상당 부분을 자비로 지불해야 하는 진료 과목이다. 진찰을 받고자 하는 치과에 NHS 보조금 예산이 남아 있어야 NHS 혜택이 적용된 금액으로 진료받을 수 있다. 치과에서 NHS 보조금 예산을 모두 소진한 경우 일반 진찰 요금을 부과하기 때문에 예약할 때 반드시 NHS 보험 적용 가능 여부를 확인해야 한다. 또한 일반 진료를 관장하는 GP와는 별개의 등록 절차가 필요하니 미리 등록해 두는 것이 좋다. 인터넷에 'NHS Dentists services'로 검색하면 거주지 주변 NHS 등록 치과를 찾을 수 있다. 나는 영국 워홀 생활 중에 한국에서 치료했던 금니(gold crown)가 빠져서 영국 치과에서 간단히 붙이기만 했는데 NHS 보험을 적용받고도 약 £30(약 5만 원)를 지불했다. 전화로 예약한 후 진찰을 받기까지 약 일주일이 걸렸다. 사설 치과 또는 한인 치과의 경우 그 이상의 비용을 지불해야 하고 치과 치료 관련 용어가 어려워 의사소통하는 데 어려움이 있다. 따라서 되도록 치과 진료는 한국에서 미리 검진하고 치료를 마무리한 후에 출국하는 것이 좋다.

영국의 약국

영국의 약국은 대부분 의약품을 비롯해서 화장품과 샴푸 같은 생활용품도 함께 판매하는 드럭 스토어(drug store) 형태이다. 대표적인 약국 체인업체로는 한국에도 진출해 있는 부츠(Boots)가 대표적이고 이외에도 슈퍼드럭(Superdrug), 로이드 파머시(Lloyds Pharmacy) 같은 대형 프랜차이즈 드럭 스토어 체인점이 있다. 동네마다 개인 약국도 쉽게 찾아볼 수 있고 일반적으로 의사 처방 없이 구매할 수 있는 의약품을 판매하고 의사의 처방이 필요한 약을 제조해 준다.

★ 파라세타몰(Paracetamol)

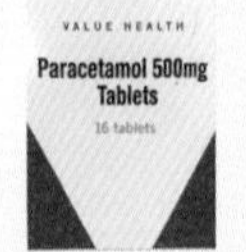

앞서 설명했듯이 영국은 의료 진찰비가 무료이기 때문에 서비스 품질이 매우 낮다. 쉽게 말해서 적당히 아파서는 의사의 처방전 한 장 받기도 쉽지 않은 것이 현실이다. 감기나 가벼운 몸살, 가벼운 통증으로는 병원을 찾지 않고 진통제를 먹으며 견디는 영국인들의 사고방식도 의료 서비스 개선이 되지 않는 데 한몫하고 있다고 생각한다. 영국인들은 웬만큼 아파서는 병원에 가지 않고 대부분 약국에서 '파라세타몰'을 사서 먹는다. 파라세타몰은 영국인들이 두통, 치통, 생리통에 시달릴 때마다 먹는 진통제이다. 감기몸살로 GP에 가면 의사들조차도 파라세타몰이나 다른 진통제를 먹었는데도 아픈지를 물어볼 정도이니 가히 영국의 '국민 진통제'라고 불릴 만하다. 부츠를 비롯한 드럭 스토어는 물론이고 편의점에서도 판매되고 있는 영국의 대표적인 소염진통제(painkiller)이다. 혹시나 한국에서 구비해 온 상비약을 다 소비했다면 가까운 약국에서 £1대로 저렴하게 구입할 수 있으니 상비약으로 구비해 두면 비상시에 유용하게 쓸 수 있다.

Chapter 07

생필품 구입과 물가 정보

슈퍼마켓

영국의 대표적인 슈퍼마켓 업체로 테스코(Tesco)가 있다. 매장 크기에 따라 테스코 엑스트라(Tesco Extra), 테스코 메트로(Tesco Metro), 테스코 익스프레스(Tesco Express)로 나뉜다. 엑스트라 매장의 경우 대부분 한적한 외곽 지역에 있고, 런던 시내 곳곳에는 편의점 규모의 익스프레스 매장이 있다. 익스프레스 매장은 엑스타라 매장보다 비교적 운영 시간이 길기 때문에 편의점처럼 이른 아침이나 늦은 밤 시간에도 이용할 수 있다. 간혹 테스코 엑스트라 매장이 24시간 오픈하는 곳이 있는데 센트럴 런던에는 테스코 엑스트라 얼스 코트(Earl's Court) 매장이 24시간 오픈하고 한국 라면도 판매하고 있다. 집 주변에서 가까운 24시 오픈 매장을 알아 두면 급할 때 유용하게 이용할 수 있다. 24시간이라 하더라도 일요일과 새벽 시간에 잠시 문을 닫기 때문에 방문 전에 운영 시간을 확인해 보는 것이 좋다. 또한 세인즈버리(Sainsbury's)와 웨이트로즈(Waitrose)도 영국

에서 쉽게 찾아볼 수 있는 대표적인 슈퍼마켓 체인이다. 특히 웨이트로즈의 자사 상품은 한국에서도 유명할 만큼 가격 대비 품질이 우수한 편이다. 이외에도 모리슨(Morrison), 아스다(ASDA)와 코스트코(COSTCO)도 곳곳에서 찾아볼 수 있다. 한편 일요일에는 정책에 따라 일반 상점들의 운영 시간이 정해져 있기 때문에 대부분의 슈퍼마켓이 오후 4~5시경에 영업을 종료한다. 따라서 일요일 저녁에는 편의점 크기의 작은 슈퍼마켓만 이용할 수 있고 매주 일요일을 앞두고 대량으로 장을 보는 영국인의 모습을 볼 수 있다.

★ 캐시백 제도

영국의 슈퍼마켓에서 계산할 때 계산원이 "Would you like cash back?"이라고 묻는 경우가 종종 있다. 내가 영국에 처음 왔을 때 이 말이 포인트 적립을 해 준다는 말인 줄 알고 자신 있게 "Yes"라고 대답했는데, 계산원이 "How much?"라고 묻는 것이 아닌가. 당황한 나는 '영국은 포인트를 내가 원하는 만큼 주나?' 하는 생각이 들었지만 뭔가 이상해서 직원에게 캐시백이 무슨 뜻이냐고 물어봤던 기억이 있다. 슈퍼마켓 점원이 묻는 '캐시백'은 고객이 카드로 계산할 때 원하는 금액만큼 고객에게 현금을 주고 카드로 청구하는 제도다. 현금 사용이 많은 영국인들은 ATM 기기를 찾아가서 현금을 인출해야 하는 번거로움을 줄일 수 있어서 캐시백을 자주 이용한다.

한국 식료품점

영국의 일반 슈퍼마켓에서 판매되는 쌀은 '긴 쌀(long grain rice)'로 고슬고슬하고 우리나라 쌀과 같은 찰기가 전혀 없다. 차가 없는 경우 무거운 쌀을 들고 장을 보기란 쉽지 않기 때문에 한국 슈퍼마켓 업체인 H 마트나 코리아푸드에 배달 주문을 할 수 있다. 일정 금액 이상 주문하면 무료로 배송해 주기 때문에 편리하게 이용할 수 있고 런던 시내 곳곳에 작은 규모의 지점도 있다. 센트럴 런던 차이나타운에 위치한 중국 식료품점에서도 한국 라면과 과자, 음료수 같은 한국 식품을 취급하기 때문에 쉽게 한국 식료품을 구할 수 있다. 특히 센트럴 런던에서 그리 멀지 않은 4존에 있는 뉴몰든 지역에는 규모가 큰 한국식 대형마트에서 한국 생활용품에서부터 식자재까지 대부분의 한국 상품을 판매하기 때문에 어렵지 않게 한국 식료품을 구할 수 있다.

유기농 & 내추럴 마켓

홀푸드마켓(Whole Foods Market)은 미국의 유기농 · 내추럴 제품을 취급하는 곳으로 한국에서도 꽤 알려진 슈퍼마켓 체인이다. 영국에도 여러 지점이 있으며 식재료, 가공식품, 생필품에 이르기까지 유기농 또는 내추럴 제품만 취급하는 곳이기 때문에 신선하고 건강한 재료를 원한다면 홀푸드마켓을 이용하면 된다. 홀푸드마켓에서는 신선한 샐러드와 수프, 신선한 재료로 조리된 식사도 할 수 있다. 다만 지점이 많지 않아 접근성이 떨어지고 대부분의 제품 가격이 일반 슈퍼마켓보다 두 배 가까이 비싸다. 영국에서는 건강식품에 대한 수요가 많기 때문에 건강 보조 식품이나 내추럴 제품들을 취급하는 상점도 흔히 볼 수 있고 그중 홀랜드앤바렛(Holland&Barret)이 대표적이다. 비타민부터 천여 가지가 넘는 건강 보조 식품을 취급하고 음료와 스낵, 견과류, 식초 등 건강한 재료로 만들어진 제품들을 판매하고 있으니 한번쯤 방문해서 다양한 건강 식품들을 구매해 봐도 좋을 듯하다.

편의점

영국은 한국과는 다르게 편의점 문화가 발달하지 않았다. 오히려 테스코 익스프레스(Tesco Express)나 세인즈버리 로컬(Sainsbury's Local), 리틀 웨이트로즈(Little Waitrose) 같이 대형 슈퍼마켓에서 운영하는 작은 규모의 지점을

더 흔히 찾아볼 수 있으며 우리나라 편의점처럼 간단한 샌드위치와 도시락(ready meal)도 판매한다. 주로 편의점은 오이스터 카드 충전과 담배, 간단한 스낵류와 낱개 과일을 취급하며 Off-licence(주류 판매 면허) 허가를 받은 편의점에서만 술을 판매할 수 있고 24시간 운영하는 편의점은 찾아볼 수 없다. Off-licence 편의점은 보통 12시에서 새벽 1시경에 문을 닫는 것이 일반적이고 새벽 시간대에는 술을 판매할 수 없다.

생활용품 할인점

한국의 다이소와 흡사한 형태의 생활용품 할인 전문점으로는 파운드랜드(Poundland), 세이버스(Savers), 파운드월드(Poundworld)가 있다. 생필품에서 가공식품까지 다양한 품목을 취급하고 있으며 특히 파운드랜드에서는 대부분의 상품들이 £1에 판매되기 때문에 휴지나 세탁 세제 같은 생필품은 일반 슈퍼마켓보다 더 저렴하게 구매할 수 있다.

침구 · 가구 판매점

영국은 침대나 가구 제품 가격이 매우 비싼 편이다. 따라서 1년 남짓 생활하는 유학생들이나 워홀러는 이케아(IKEA)나 무지(MUJI), 아고스(Argos) 제품들을 많이 사용한다. 이케아의 경우 가격이 저렴하지만 대부분의 매장이 외곽 지역에 있기 때문에 접근성이 떨어지는 데 반해 무지와 아고스는 시내 곳곳에서 찾아볼 수 있다. 일반 침구와 행거, 건조대 같은 생활용품들은 대형

슈퍼마켓에서도 저렴한 가격에 살 수 있다. 영국의 대형 의류 프랜차이즈인 프라이마크(Primark)에서도 침구를 비롯해서 다양한 생필품을 저렴하게 판매하고 있지만 품질이 다소 떨어지므로 1년 이상 머물 예정이라면 조금 튼튼한 제품을 구비하는 것이 좋다.

벼룩시장

'영국 워킹홀리데이 페이스북 페이지'와 '영국사랑(04UK)'에는 생활 정보뿐만 아니라 일명 '귀국 정리'라는 물품 정리와 관련된 글이 자주 올라온다. 건조대나 행거, 옷걸이, 전자제품 등 품목도 다양하고 대부분의 제품들이 1년에서 2년 미만으로 사용된 제품들이어서 저렴하게 중고물품을 사고팔 수 있으니 중고물품도 사용에 거부감이 없다면 벼룩시장을 이용하여 초기 생필품 마련 비용을 절약할 수 있다.

한국 vs. 영국 물가 비교

영국의 물가를 얘기할 때 영국에서 생활해 본 사람들은 '음식을 직접 해 먹으면 한국보다 싸다'고 말한다. 영국의 외식 비용은 비싼 음식값과 봉사료(service charge)가 포함되어 상당히 비싼 편이지만 채소와 고기, 과일 및 기본 생필품 가격은 한국에 비해 오히려 저렴하다. 영국의 슈퍼마켓들도 각 슈퍼마켓 자체 개발 상품을 출시하고 있는데, 이런 자사 브랜드 상품들은 가격도 일반 상품에 비해 훨씬 더 저렴해서 원한다면 얼마든지 생활비를 절약할 수 있다. 일반적으로 1회 평균 외식 비용은 1인당 £30(약 5만 원) 내외로 비싼 편이지만 당근, 양파, 감자와 고기 같은 대부분의 식재료를 슈퍼마켓에서 구매할 때는 £1~2 내외로 살 수 있기 때문에 직접 음식을 해 먹으면 생활비를 대폭 절약할 수 있다.

★ 영국의 화폐 단위

영국은 EU 국가임에도 불구하고 자국 화폐인 파운드(£)를 사용한다. 파운드는 £50/£20/£10 /£5 지폐(note)를 사용하고 동전(coin)은 50p/20p/10p/5p/2p/1p를 사용한다. 예를 들어 계산할 때 £20.95는 'twenty pounds ninety five pence' 또는 'twenty, ninety five'라고 말한다. 종종 £10는 테너(tenner), £5는 파이버(fiver), 1p는 페니(penny)라고 말하는 경우도 있으니 기억해 두자.

Chapter

08

/

친구 사귀기와 영어 실력 늘리기

친구 사귀기

취업을 하거나 학원을 다니면 비교적 외국인 친구를 사귀고 영어로 대화할 기회가 많은 편이다. 하지만 학원을 다니지 않고 취업하기 전이라면 소모임에 참여해 보자. 런던에는 정말 별의별 모임이 다 있다는 생각이 들 정도로 1년 365일 다양한 파티와 행사가 이어지는 도시이고, 인종차별이 아주 없지는 않지만 '웃는 얼굴에 침 못 뱉는다'고 내가 밝게 웃으면 상대방도 거부감 없이 말을 걸어온다. 나는 축구를 좋아해서 프리미어 리그 시즌 중에는 종종 혼자 펍(pub)에 가곤 했다. 꼭 런던 시내에 있는 대형 펍이 아니더라도 축구 경기가 있는 날이면 사람들로 북적이는 동네 작은 펍에 가서 축구라는 공통 관심사로 사람들과 자연스럽게 대화를 주고받으며 친구가 될 수 있었다. 그리고 축구 외에도 관심 있는 분야의 모임이나 행사에 참여해서 자연스럽게 친구를 사귀고 영어로 대화하면서 영어 실력을 늘릴 수 있었다.

Eventbrite

도시별 이벤트를 보기 쉽게 만들어 놓은 대표적인 소모임 애플리케이션이다. 언어 교환 사이트의 경우 '언어 교환' 또는 '만남'이라는 특정한 목적을 가지고 말을 걸어오는 사람들과 대화를 이어 나가고 만나야 한다는 부담감이 있는데 반해 이 앱은 유로 또는 무료 소모임, 전시회, 콘서트 등 다양한 분야의 행사를 찾아볼 수 있고 같은 모임에 참여한 사람들은 대부분 공통 관심사를 가지고 있어 친구를 사귈 수도 있고 혼자 이벤트를 즐길 수도 있다. 앱에서 티켓 예매도 할 수 있고 런던뿐만 아니라 전 세계 모든 도시에서 열리는 이벤트를 검색할 수 있어서 혼자 여행 갔을 때도 유용하게 사용할 수 있다. 개인적으로는 런던에서 열리는 유명한 가수들의 콘서트를 예매할 때 자주 이용했고 무료 전시회나 마케팅과 관련된 강연에도 참여했었다. 무료 강연 같은 경우에는 나처럼 혼자 참석한 사람들이 많아서 전혀 부끄럽거나 쑥스럽지 않았고 쉬는 시간이나 강연이 끝나고 난 뒤에 강연에 대해 대화도 나눌 수 있어서 만족도가 상당히 높았다.

Meetup

우리나라에서도 유명한 소모임 애플리케이션이다. 각 모임마다 주제가 있고 내가 원하는 주제를 검색해서 참여하면 된다. 하지만 대부분의 한영 언어 교환 미트업 모임의 경우 순수하지 않은 목적을 가지고 참여하는 사람들이 더러 있고, 다른 모임을 가도 지난 모임에서 봤던 사람들이 이 모임 저 모임에 다 참여하는 느낌을 받을 수 있다. 만약 밋업 모임에 참여하고 싶다면 한영 언어 교환 모임뿐만 아니라 좀 더 포괄적인 모임에 참여하라고 권하고 싶다. 예를 들어 영어를 공부할 목적으로 밋업 모임에 나간다면 한국인이나 한국에 관심 있는 외국인만 모이는 '한영 언어 교환 모임'이 아니라 'IELTS 스터디 모임'이나 'British Culture'와 같은 포괄적인 주제로 모이는 모임에 참여하는 것이 시험을 준비하는 현지인이나 세계 각국에서 영어를 배우기 위해 모인 사람들을 만날 수 있기 때문에 글로벌하게 친구를 사귈 수 있는 좋은 기회가 될 수 있다.

HelloTalk

언어 교환을 목적으로 만들어진 애플리케이션이다. 회원 가입 후에 자신의 개인 정보와 프로필 사진을 입력해야 하고 모국어와 배우고 있는 언어를 설정할 수 있다. 배우는 언어에 따라 친구를 추천해 주고 친구와 카카오톡처럼 대화할 수 있고 대화창에서 상대방이 보낸 메시지에 문법상 오류가 있다면 고쳐 줄 수 있는 기능도 있다. 또한 'Moment' 기능을 통해 페이스북이나 인스타그램처럼 자신의 일상이나 공부하는 내용들을 공유하고 댓글을 달면서 사람들과 소통할 수도 있다. 굳이 개인적인 연락처를 교환하지 않고 앱에서 대화할 수 있기 때문에 부담감이 적고 혹시 상대방이 불쾌하게 했다면 신고하고 차단할 수 있는 기능이 있어서 대체적으로 참여자들이 매너가 좋은 편이다.

tinder

대표적인 이성 친구 찾기 애플리케이션이다. 자신이 원하는 연령대, 관심거리 같은 조건을 입력할 수 있고 입력된 조건을 기반으로 친구를 추천해 주고 상대방과 본인이 모두 '좋아요'를 클릭한 경우에만 메시지를 보낼 수 있다. 연인을 만나는 것만큼 영어 실력 향상에 도움이 되는 방법이 또 있을까 싶을 정도로 이성 친구를 만나는 것은 상대방의 문화, 감정, 생활 등 여러 주제에 대해 영어로 대화하면서 자연스럽게 영어 실력이 향상된다. 채팅으로 연인을 찾는 문화가 익숙하지 않는 한국인에게 조금은 낯설게 느껴질 수도 있다. 하지만 영국에 생활하면서 알게 된 친구는 이 앱을 통해 인연을 만나 결혼까지 골인했다. 영국에서는 채팅으로 새로운 인연을 찾는 것이 매우 자연스럽게 퍼져 있으니 이성 친구를 찾는다면 한 번쯤 시도해 봐도 좋을 듯하다.

영어 실력 늘리기

영어 공부 방법이야 전문가들이 정리해 놓은 수많은 정보가 있지만 본인에게 맞지 않으면 무용지물이다. 나는 지루한 걸 참지 못해서 수업이 한 시간 이상 넘어가면 지루함을 느끼기 시작하고 집중하지 못하는 사람이다. 나 같은 사람이 고시생처럼 하루 종일 강의를 듣고 책상에 앉아서 공부한다고 한들 잘 될 리가 없다. 영국에 온 만큼 영어를 학업으로 생각하지 말고 친구와 대화하고 고민을 얘기할 수 있는 필수 수단으로 생각하는 것이 좋을 듯하다. 하다못해 상점에 컴플레인을 걸기 위한 용도라고 가볍게 접근해 보는 것도 좋겠다. 영국 도처의 모든 곳에서 영어 단어를 찾아볼 수 있고 슈퍼에서 장을 보면서도 단어 공부를 할 수 있다. 따로 시간을 내서 공부하기보다는 영어가 일상이 되게 하는 것이 중요하다.

슈퍼에서 새로운 단어 공부하기

영국의 물은 석회수여서 샤워를 하거나 설거지를 하고 나면 하얗게 석회가 낀다. 욕실 청소를 위해 '석회 제거 세제'를 사러 슈퍼에 가서 직원에게 석회(lime)를 제거하고 싶다고 얘기했는데 과일 라임(lime) 껍질을 까는 조리 도구가 있는 곳으로 안내해 줬던 적이 있다. '석회 자국'은 영어로 'limescale'이라고 하는데 나는 'lime(라임 또는 석회)'을 제거하고 싶다고 말해서 직원이 잘못 알아들은 것이다. 도저히 설명할 엄두가 나지 않아서 넓디넓은 세제 코너를 혼자 뒤져야 했다. 덕분에 limescale이라는 단어를 알게 되었고 한 번에 그 단어를 기억하게 되었다. 이렇게 세제용품 하나를 사더라도 채소 한 묶음을 사더라도 처음 보는 단어는 메모해 두고 슈퍼에 갈 때마다 반복적으로 암기하는 방법으로 생활 속에서 영어 공부를 할 수 있다.

자막 없이 영화 보기

영국 영화를 반복적으로 보면 영어 실력 향상에 도움이 된다. 처음에는 한국어 자막으로 보고 다음엔 영어 자막을 틀어 놓고 보고 자막 없이 보는 과정을 반복하면 들리지 않던 대사가 어느 순간부터 들리기 시작할 것이다. 또한 영어 자막을 통해 문법적인 부분이나 일상생활에서 쓰이는 구어체도 파악할 수 있다는 장점이 있다. 필요한 문장이나 새롭게 알게 된 표현은 메모해 두고 그 부분을 반복적으로 따라 하면 실생활에서 사용되는 문장들을 빠르게 습득할 수 있다. 반복적으로 영화를 자막 없이 보면 자막이나 화면보다는 음성에 조금 더 집중할 수 있어서 듣기 실력 향상에 도움이 된다.

BBC 뉴스와 라디오 활용하기

BBC 방송만큼 정확한 영국 발음을 접할 수 있는 곳이 없다. 단어 하나 하나 또박또박 발음해 주기 때문에 BBC 뉴스를 시청하거나 라디오를 청취하는 것이 영국식 발음을 익히는 데 최고의 방법이라 할 수 있다. 뉴스의 경우 중간중간 자막도 나오기 때문에 내용을 이해하기 쉽고 전체적으로 이해하지 못했다면 해당 뉴스 기사를 찾아보면서 알아듣지 못한 단어를 따로 메모해 두고 암기하는 것이 좋다. 뉴스에 사용되는 단어들이 대부분 정치, 문화, 일상생활 등 다양한 분야와 관련된 단어들을 고루 접할 수 있어 실생활에 도움이 된다. 영국에서 생활하는 동안만이라도 잠시 한국 음악과 멀어져서 영국의 라디오를 들어 보자. BBC 라디오는 채널도 다양하고 다운로드 받아서 휴대전화에 저장할 수 있기 때문에 휴대 전화 데이터를 사용할 수 없는 지하철에서도 들을 수 있다. 이동할 때 최소 30분 정도의 영어 공부 시간이 생기기 때문에 굳이 별도의 시간을 할애하지 않더라도 영어 실력을 충분히 향상시킬 수 있다.

일자리 구하기

Chapter 01 / 일자리 정보와 최저 시급

영국의 일자리

서비스직

런던 1존에 있는 매장의 경우 매우 바쁘기 때문에 존 보너스(추가 수당)를 추가로 지불하고 채용 기회가 많은 편이다. 서비스직은 요구되는 영어 수준이 낮아서 비교적 취업 장벽이 낮다. 또한 직원 수요가 지속적으로 발생하기 때문에 외국인 직원 채용에 관대하고 대부분 즉시 일을 시작할 수 있는 경우가 대부분이다. 워홀 정착 초기에 즉시 일을 시작하기에 적합하고 대부분의 업체들이 대형 프랜차이즈 업체이기 때문에 법정 최저 임금을 준수하고 유급 휴가를 비롯해서 직원 할인 혜택도 제공한다. 런던 외 지역에도 다운타운에 대부분의 프랜차이즈 업체가 자리 잡고 있기 때문에 런던 외 지역에서도 서비스직은 비교적 일자리를 구하기가 쉽다.

★ 대표적인 서비스직

- 카페 및 식당

  스타벅스(Starbucks), 프레타망제(Pret A Manger), 코스타 커피(Costa Coffee), 와사비(Wasabi), 카페 네로(Caffè Nero), 잇츄(Itsu), 일반 펍, 한국 식당 등
- 패션 관련 상점

  자라(ZARA), 에이치엔엠(H&M), 뉴룩(New Look), 유니클로(Uniqlo), 무지(MUJI), 케스 키드슨(Cath Kidston), 버버리(Burberry), 바버(Barbour), 구찌(Gucci) 등
- 기타 상점

  러쉬(Lush), 부츠(Boots), 몰튼브라운(Molton Brown), 햄리스(Hamleys), 이케아(IKEA) 등

일반 사무직

대형 프랜차이즈 업체의 경우 사무직 근무자를 내부에서 채용하는 경우가 많다. 대표적인 예로 이케아(IKEA)에서는 마케팅 부서나 기타 사무 부서에 공석이 생기게 되면 매장의 판매 직원들을 대상으로 내부 채용을 진행한다. 간혹 일정 기간 이상의 경력이 있는 관리자 직급을 채용하기 위한 공고가 올라오긴 하지만, 대부분의 대형 프랜차이즈 기업들이 현장 경력과 경험을 중요하게 생각한다. 그 외 일반적인 기업에서는 대부분 채용 사이트에 공고를 올림으로써 공개 채용을 하기 때문에 채용 사이트에서 본인이 원하는 직무 키워드를 검색하면 직무와 관련된 공고를 확인할 수 있고 기업에서 요구하는 조건에 맞게 지원하면 된다.

★ 대표적인 사무직

- 한국인들이 많이 종사하는 사무직

  포워딩(수출입 통관 대행 에이전시), 무역 회사, 구매대행 업체, 기업의 마케팅 분야 등
- 기타 직종

  디자인, 패션, 공연 예술 관련 직종

인턴십

영국에서는 무급 인턴이 합법이고 한국처럼 '열정 페이'가 존재한다. 일부 대학교에서는 반드시 인턴십을 수료해야 졸업 요건을 충족하는 경우도 있어서 일부 기업에서는 인턴십을 빌미로 학생들의 노동을 착취하는 경우도 있

다. 영국에서 취업할 때 인턴십을 수행한다면 경력에 도움이 될 수도 있지만 필수 사항은 아니다. 따라서 본인이 감당할 수 있는 범위 내에서 인턴십에 참여하는 것이 좋다. 무급 인턴의 경우 생활비를 비롯해서 교통비와 식비도 스스로 해결해야 하기 때문에 초기 정착 금액으로 상당한 금액을 지출해야 할 수 있기에 인턴십을 시작하기 전에 경제적인 계획을 미리 세워 두는 것이 좋겠다.

최저 시급 정보

영국은 비싼 물가와 집세에 비해 임금이 그리 높지 않다. 또한 영국에서는 연령대에 따라 보장되는 최저 임금이 다르기 때문에 나이가 어린 워홀러라면 소득이 적을 수 있고 세금도 납부해야 하니 내가 일한 만큼 그대로 받는 것은 아니다.

최저 시급(2019~2020)	
National Living Wage	£8.21
21~24살	£7.70
18~20살	£6.15
16~17살	£4.35

존 보너스zone bonus

센트럴 런던이나 공항과 같이 타 매장에 비해 특별히 바쁜 매장에서는 일반 시급과는 별도로 추가 수당을 지급한다. 예를 들어, 스타벅스의 경우 대부분의 매장에서 최저 시급을 준수하고 있지만 런던 1존에 있는 매장에서는 최저 시급에 시간당 50P에서 £1 가량 보너스 시급을 받게 된다.

Chapter 02

/

이력서 & 자기소개서 작성하기

이력서CV 작성하기

CV(Curriculum Vitae)를 작성하기에 앞서서 영국에서 어떤 직업을 가질 것인지를 먼저 정해야 한다. 직무나 직업의 특성에 따라 요구하는 경험이나 자격요건이 다를 수 있으므로 그 요구 조건에 맞게 CV를 작성하는 것이 중요하기 때문이다. 영국에서는 별도로 정해진 이력서 양식이 없고 인터넷에 CV를 검색하면 무수히 많은 양식이 있는데 그중에서 기본 양식을 사용하는 것이 가장 좋다. 디자이너 같은 일부 특정 직종을 제외한 일반적인 이력서는 화려하게 꾸밀 필요 없이 간결하고 깔끔하게 정보를 전달하는 것이 좋다. CV 양식이 따로 없다 하더라도 반드시 기입해야 하는 정보들이 있는데 이름, 현재 거주지 주소, 연락처와 이메일 주소는 기본적으로 기입해야 한다. 거주지 주소와 연락처는 영국 현지 정보를 기입하는 것이 좋고, 이메일 주소의 경우 별칭이나 특별한 아이디를 사용하는 우리나라와는 달리 영국에서는 보통 본인의 이름이나 성을 따서 이메일을 만들고 Gmail 계정을 가장 많이 사용한다. 한국 도메인으로 된 이메일의 경우 간혹 해외에서 발송된 이메일이 수신되지 않을 수 있으니 영국에서 보편적으로 사용되는 Gmail 계정을 만드는 것이 좋다. 개인 정보 외에 외국인인 우리에게 적용되는 필수 기입 사항은 '비자 상태'이다. 영국에서는 일할 수 있는 합법적 비자를 소지했는지를 반드시 확인해야 하기 때문에 CV에 본인의 비자 상태를 명시해 두는 것이 좋다.

CV 본문에는 경력, 학력, 특별한 기술이나 자격 사항, 어학 능력 순으로 기입하면 된다. CV에 경력 사항을 기술할 때는 최신순으로 나열하고 회사명, 위치, 직함(job title), 근무 기간(work period)을 기입해야 하고 본인이 했던 업무 내용(job role)을 간단하게 기술하면 된다. 통상적으로 판매 아르바이트의 경우 'Sales Associate' 또는 'Sales Assistant' 정도로 쓰면 되고 파트타임(Part time)인지 풀타임(Full time) 직업이었는지 함께 적으면 된다.

학력의 경우 최종 학력이나 어학연수를 했다면 어학원 정보와 전공 또는 수료 과목, 성적, 기간 정도로 간단하게 기술하면 된다. 마지막으로 직무에 도움이 될 만한 자격증을 보유하고 있다면 기술하면 된다. 너무 당연한 얘기겠지만, 영국에서 한국사 자격증, 한자 자격증 등 특정 직업에서 특별히 요구하는 자격증이 아니라면 굳이 쓸 필요는 없고 컴퓨터 관련 자격증보다는 오히려 MS Office 활용 능력 정도를 기술하는 것이 더 효과적이다. 전반적으로 한국의 이력서 기입 내용과 큰 차이는 없지만 가장 큰 차이점은 영국의 CV에는 별도의 요청이 없는 한 사진을 부착하지 않는다는 점이다. 한편 스타벅스를 비롯해서 일부 기업에서는 별도의 CV 양식을 제공하고 있으므로 대형 기업에 지원할 때는 별도의 CV 양식이 있는지 확인해 보는 것이 좋다.

CV 필수 기입 사항

① 연락처(contact details): 이름, 전화 번호, 거주지, 이메일 주소 등 연락 가능한 연락처

② 비자 상태(visa status): 현재 비자 상태와 유효 기간

③ 경력(experience): 아르바이트, 인턴 및 기타 경력 사항의 직무, 직함, 회사

YEONGEUN HWANG

Big Ben, Westminster, London, SW1A 0AA
+44 (0)700 000 0001
gildonghong@korea.com

OBJECTIVE

To work in a professional environment where I can combine and utilize my knowledge in international business and management skills to focus on long term growth.

EDUCATION

HANKOOK UNIVERSITY (Seoul, South Korea)
Bachelor of Business Administrations (GPA 4.50 / 4.50)
Awarded 4-year half scholarship

EDUCATION – ENGLISH LANGUAGE

TOEIC 2018
Total score : 990
Certificate No : 100000

BUSINESS ENGLISH 2017
Upper-Intermediate (B2)
Course run by An LAL Language centre in Malta

EFL – English as a Foreign Language 2016
Intermediate (B1)
Course run by An LAL Language centre in Malta

EFL – English as a Foreign Language 2015
Upper - Intermediate (B2)
Course run by An LAL Language centre in UK

WORK EXPERIENCE

UK LTD 02/2018 – 09/2018
Intern for 3 months
Work out operation tasks regarding the air export shipments

STARBUCKS LONDON 03/2017 - 01/2018
Full time - Barista
Roast coffee menu and serve customers

SEOUL LTD 01/2015 - 02/2017
Manager of Seoul branch in Korea
Handle the customer service and management of inventory and sales

Korea Association 01/2014 - 12/2014
Intern
Management of exhibition on Korea traditional beverages

OTHERS

Global Trade Experts Incubating Program
Complete the whole course study of International Business

Computer skills
Word, Excel, Power Point

VISA Status
Tier5 YMS, valid until August 2020

명, 수행했던 직무 내용, 근무 기간을 최신순으로 기입

④ 교육(education): 최종 학력, 전공, 학위, 학점 또는 어학원 수료 내용 기입

⑤ 기술(skill): 한자, 한국사 등 영국에서 필요하지 않은 자격증 내용 외에

MS Office 활용 능력, 고객 서비스 응대 능력 등 직무에 직접적으로 도움이 되는 기술 사항 위주로 기입

⑥ 언어 능력(language skill): 영어 회화 능력이나 제2 외국어 능력 수준 기입

자기소개서 Cover letter

일반적으로 서비스직은 별도의 커버 레터(국문 자기소개서 축약본)를 요구하지 않지만 일반 기업에 지원할 때는 별도의 요구가 없더라도 형식상으로는 CV와 함께 제출하는 것이 좋다. 또한 채용 공고상에 커버 레터를 요구하는 경우에는 반드시 제출해야 한다. 만약 커버 레터를 제출하는 것이 선택 사항이라면 이왕이면 보내는 것이 좋다. 커버 레터도 한 페이지를 넘지 않도록 간결하고 깔끔하게 작성하는 것이 좋다. CV에 인적 사항을 기입했다고 커버 레터에서는 생략하는 경우가 종종 있는데 CV와는 별개로 커버 레터에도 본인의 이름, 연락처, 주소를 기입해야 한다.

커버 레터를 작성할 때는 CV와는 다르게 지원하는 회사나 특정 수신인을 명시한다. 지원하는 회사의 주소를 정확히 알고 있는 경우 회사명과 주소를 기입하고 모르는 경우에는 채용 담당자(HR Manager 또는 Hiring Manager)를 수신인으로 명시한다.

커버 레터 본문에는 자신이 어떤 직무에 지원하는지를 밝히고 지원 동기를 기입한다. 지원 동기는 너무 거창하지 않게 '이 직무와 내가 적합하다고 생각되어 지원하게 됐다' 정도로 작성한다. 지원 동기와 자연스럽게 내용이 이어지도록 자신의 경력이나 경험이 이 직무와 어떤 연관이 있고, 어떤 부분이 이 직무를 수행하는 데 도움이 될지를 설명하면 된다. 마지막으로 본인의 성격이나 기술적인 장점을 토대로 이 업무에 적합한 인물이라는 것을 어필하는 것으로 마무리하면 된다.

YEONGEUN HWANG

Big Ben, Westminster, London, SW1A 0AA

Mobile : +44 (0)700 000 0001 E-mail : gildonghong@korea.com

5 MAY 2018

Dear Hiring

I read your posting a new operator with interest. I am writing to apply for Operations position for your company. My professional goal is obtaining a strategy expert who is multi-lingual where I can combine and utilize my knowledge in international business and management skills to focus on long-term growth and customer relations. I am highly motivated in applying my skills toward such a job position. I am very interested in coming for an interview as I believe that after you read through my resume and get to know me, you will see I am qualified for this job position.

I graduated from Hankook University in February 2012 and majored in International Trade. My experiences as a team member for group projects such as Global Trade Expert incubating Program(GTEP) and the president of the students union allowed me to develop strong communication skills and encouraged me to think critically and strategically when generating creative ideas for developing certain projects and attracting public awareness.

Please note that I have previous work experience in Korea Association as an intern. I completed tasks such as managing customer and I made some documents to submit government for assisting. Also, I worked Customer Satisfaction Management team in Hankook University as full-time temporary staff for two years. I used to make a strategy of providing convenient systems to students and deal with the complaints from students. With this work experiences, I have learned to manage data and work as well as a team and prioritize tasks. Lastly, I worked logistics company out regarding NES to declare customs for air freight shipments and issue an invoice as an intern for 3 months in the U.K.

I am extremely enthusiastic about your company focus on international markets and would welcome the opportunity to contribute to your continued business success.
Thank you for your time and consideration. I look forward to meeting with you to discuss my application further.

Sincerely,

YEONGEUN HWANG

CV & 커버 레터 참고 사이트

CV Maker

제공되는 항목에 본인의 정보를 입력하면 완성된 CV를 받을 수 있다.

- 홈페이지: https://cvmaker.com

My Perfect Resume

다양한 CV 템플릿이 제공되고 원하는 템플릿을 선택해서 작성할 수 있다.

- 홈페이지: https://myperfectresume.com

Ediket

CV를 첨삭받을 수 있는 사이트로 문법, 단어를 첨삭해 주는 유료 서비스

- 홈페이지: https://ediket.com

Top CV

CV를 첨삭해 주는 사이트로 최초 1회에 한해 무료로 제공

- 홈페이지: https://www.topcv.com

Chapter 03 / 일자리 지원하기

채용 공고 확인하기

영국의 상점에서는 매장에 구인 포스터를 붙여 놓는 경우가 일반적이지만 최근에는 한국의 '사람인', '잡코리아'와 같은 채용 사이트를 통해 공고를 올려서 채용하는 추세이다. 대부분의 기업이 공석이 생길 때마다 공고를 올리는 상시 채용을 하고 호텔이나 일부 기업에서는 open day라고 해서 지원자들을 한데 모아 놓고 공개 채용을 하기도 하지만 한국 기업처럼 정해진 시기에 공채를 채용하는 일은 극히 드물다.

채용 공고를 확인할 때는 회사의 대략적인 위치와 해당 직무에 대한 설명, 연봉, 혜택을 꼼꼼히 따져 보아야 한다. 대부분의 기업이 공고에 명시한 대로 혜택을 제공하지만 일부 업체에서는 공고와는 다른 연봉과 근무 시간을 제시할 수도 있다. 따라서 공고를 꼼꼼히 읽어 보고 불합리한 근무 조건을 제시한다면 채용 공고를 기반으로 정당한 요구를 해야 한다.

영국의 대부분의 기업은 법정 최저 임금을 준수한다. 법정 최저 임금보다 높은 시급을 제공하거나 인센티브나 추가 근무 수당을 지급한다면 회사의 위치와 근무 시간에 변동이 잦거나 이른 새벽 또는 늦은 밤 시간 근무가

근무 시작 시기 ↓ 채용 타입 ↓ 채용 직무 ↓

Immiediete Start - Full Time Starbucks Barista

지점명 → **Heathrow Airport**

Starbucks ★★★★☆ 23,566 reviews - Hounslow TW6 ← 위치/우편번호
£8.06 an hour

Here at SSP UK our Starbucks family over at Heathrow Airport are new recruiting for Baristas! Full time – permanent opportunities available

Joining our family is a great opportunity for individuals who are looking for a new opportunity to work within an amazing brand, with a great team and are looking for a new challenge where no two days are ever the same – however our coffee, products and service are always great!

Benefits of working with us: ← 혜택

- Competitive pay rate of up to £8.06 per hour
- Working within a great team who support each other
- Award winning training with accredited qualifications and great development opportunities
- Brand training
- Up to 50% staff discount on our brands – an excuse to try our amazing products!
- Additional discounts on a variety of brands at Heathrow Airport
- 28 days holiday pro rata (including Bank Holidays)
- Flexible working shifts
- Company pension schemes
- Free uniform
- childcare vouchers
- Discounted travel cards for some travel routes are available once you obtain a full ID pass from the Airport

Experience isn't key for us, but your passion for customer service is! If you enjoy working with a team in a fast paced environment - then we would love to hear from you!

Transport: ← 교통

이른 새벽 근무가 발생할 수 있음 ↓

Your shift patterns will vary between 4am and 10pm, therefore it is really important that you check you can get to and from the Airport between these times.

There is a great bus network link to Terminal 5 that all have frequent connections to the Airport – Number N7, N9, 7, 8, 350, 23, 482, 490, and 555.

Alternatively, the Piccadilly line connects direct to Terminal 5, as does the Heathrow Express and Connect Services.

Job Type: Full-time

Salary: £8.06 /hour ← 시급

요구되는 직업일 수 있다. 시급이 높다고 무작정 지원했다가는 낭패를 볼 수 있으니 채용 공고를 꼼꼼히 읽어 보자.

채용 사이트를 통해 지원하기

인디드(Indeed)는 영국에서 가장 대중적인 채용 사이트로 스타벅스, 코스타 커피 등 워홀러들이 쉽게 일자리를 얻을 수 있는 서비스 업종을 비롯해서 마케팅, 디자인, 물류 등 분야를 막론하고 대부분의 공고를 확인할 수 있다. 직종으로 원하는 직무에 대한 공고를 확인할 수도 있고 우편번호를 기반으로 주변 지역 채용 공고도 확인할 수 있어서 다양한 채용 기회를 가질 수 있다. 또한 채용 사이트를 통해 바로 지원할 수 있으니 홈페이지에 기본 이력서를 업로드해 놓고 내가 취업하고 싶은 특정 분야뿐만 아니라 다양한 곳에 한꺼번에 지원할 수 있어서 구직 기회의 폭을 넓힐 수 있다. 채용 사이트에서 관심 있는 분야의 키워드를 지정해 놓으면 메일로 관련 공고가 업데이트되는 소식을 받아볼 수도 있다.

★ 대표적인 채용 사이트

Indeed, Reed, Monster, CV-Library, The Caterer

indeed one search. all jobs. reed.co.uk MONSTER  Caterer.com

커뮤니티 사이트 활용

영국 워킹홀리데이 페이스북 페이지, 영국사랑04uk

한국인들의 온라인 커뮤니티 사이트로 워홀러들이 귀국하면서 본인이 일했던 회사에 공석이 생길 예정인 경우 후임을 구하는 채용 공고를 올리기도 하고, KOTRA나 영국 문화원과 같은 곳에서 해외 진출 기업의 채용 공고를 올리기도 한다. 한국인들이 근무하는 기업의 경우 실질적인 후기와 회사 분위기에 대한 정보를 얻을 수 있어서 직장 생활을 빠르게 적응하는 데 도움을 받을 수 있다. 또한 커뮤니티 사이트에 본인이 원하는 직업에 대해 궁금한 점이나 정보를 얻기 위해 글을 올리고 본인을 어필함으로써 취업 기회가 생길 수도 있으니 커뮤니티 사이트에 본인을 적극적으로 어필하는 것도 하나의 방법이 될 수 있다.

- https://www.facebook.com/groups/YMS.uk/
- httpg://04uk.com

링크드인

영국인을 비롯해서 세계적으로 비즈니스 인맥을 쌓는 목적으로 사용되고 있는 링크드인 사이트에 자신의 경력 사항과 CV를 정성껏 올려 놓자. 헤드 헌터들이 나의 CV를 열람하고 연락을 해 오는 경우가 많고 전문 헤드 헌터 외에도 기업의 채용 담당자가 직접 인터뷰를 요청하는 경우도 있으니 특별히 관심 있는 분야나 경력 위주로 정보를 입력해 놓으면 좋은 취업의 기회를 얻을 수 있다.

- https://www.linkedin.com/jobs

회사별 자체 채용

스타벅스, 자라, 러쉬, H&M, 와사비, 프레타망제 등 대규모 프랜차이즈 업체들은 채용 사이트에 별도로 채용 공고를 올리지 않고 자사 홈페이지에만 채용 공고를 띄우기도 한다. 특별히 선호하는 브랜드나 기업이 있다면 그 기업 홈페이지에서 채용(Career, Job 또는 Opportunity) 공고를 확인해 보자. 일부 업체는 자사 홈페이지에서 온라인으로 지원할 수 있고 특정 CV 양식을 제공하는 경우도 있다. 따라서 지원하고자 하는 회사가 별도의 CV 양식이 있는지 여부와 직무에 대한 기본 정보를 얻을 수 있으니 지원하기 전에 꼭 해당 기업의 공식 홈페이지를 방문하는 것이 좋다.

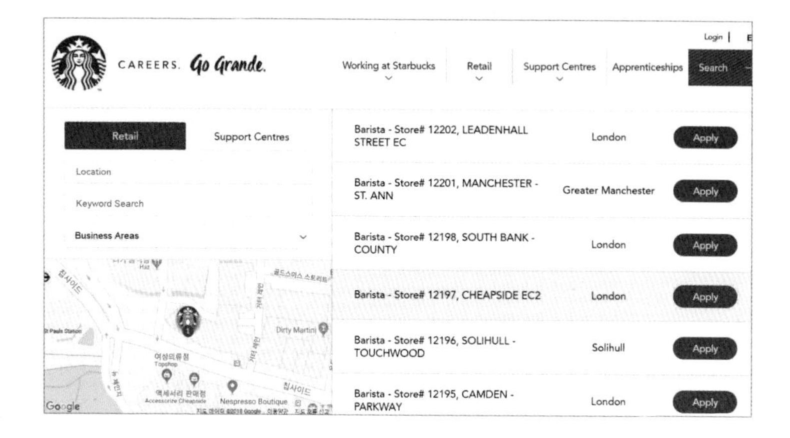

방문 지원

온라인 채용이 늘어나는 추세라고는 하지만 여전히 영국의 대부분의 상점은 매장에 채용 공고를 부착해 놓는다. 작은 개인 상점뿐만 아니라 스타벅스나 와사비 같은 대형 프랜차이즈 지점도 공석이 생기면 인터넷에 별도의 채용 공고를 올리지 않고 직접 채용 공고 포스터를 매장에 부착하는 경우도 있다. 채용 포스터가 없더라도 CV를 제출해 놓으면 공석이 생겼을 때 CV 제출자에게 우선 연락을 주는 경우도 있다. 특별히 근무하고 싶은 매장이 있다면 채용 공고가 없더라도 용감하게 매장에 찾아가서 매니저에서 CV를 제출하는 것도 방법이 될 수 있다.

한편 영국의 대형 카페 프랜차이즈 업체인 프레타망제의 경우 자체적으로 잡센터를 운영하고 있어서 이 업체에 지원할 때는 매장에 직접 방문하는 것이 아니라 잡센터에 방문해서 간단한 면접을 통해 원하는 매장으로 배정받을 수 있다.

Chapter 04 / 잡 인터뷰 준비하기

스몰 톡small talk 준비하기

우리나라에서도 누군가를 처음 만날 때 "안녕하세요", "처음 뵙겠습니다" 정도의 간단한 인사말을 주고받듯이 영국에서는 지나가는 사람과도 눈이 마주치면 간단하게 "Hi"정도의 가벼운 인사를 주고받는다. 하물며 취업 면접을 위해 만난 사람들과 대화할 때는 친근하고 매끄럽게 대화를 시작하는 것이 무엇보다 중요하다. 너무 편안한 자세도 좋지 않지만 긴장해서 너무 딱딱하게 단답형으로 대답하면 자칫 사회성이 결여된 사람처럼 보일 수 있다. 면접에 참여할 때는 안부를 묻거나 날씨와 관련해서 간단하게 주고받을 수 있는 인사말(small talk) 정도는 준비해 가는 것이 좋다.

영국에서 취업할 때 가장 중요한 건 얼마나 의사소통(communication)을 할 수 있는지의 여부이다. 회사일이라는 것이 혼자 하는 것이 아니고 일반 기업이든 작은 카페든 사람을 만나고 협업해야 하는 곳이기 때문에 기본 의사소통이 가능한 사회성(sociable) 있는 사람을 선호한다. 면접에서 면접관이 간단한 농담을 건넸는데도 무표정으로 일관한다면 사회성이 결여되어 팀에 어울릴 수 없는 사람으로 보여서 채용될 확률이 매우 낮아진다. 멋지고 화려한 CV를 작성하는 것도 중요하지만 유창하지 않더라도 의사소통하려고 노력하고 밝은 표정으로 면접에 임하는 것이 무엇보다 중요하다.

면접 예상 질문

Why did you apply for 회사명?	우리 회사에 왜 지원하였습니까?
Why should we hire you?	우리가 왜 당신을 채용해야 합니까?
What are your strengths or weaknesses?	당신의 강점 또는 약점은 무엇입니까?
What is the most important thing if you work with your team members?	동료들과 함께 일할 때 가장 중요한 점이 무엇이라고 생각합니까?
What did you do before?	우리 회사에 지원하기 전에는 무슨 일을 했습니까?
How long can you stay with us?	얼마나 근무할 수 있습니까?
How long have you been in London?	런던에 온 지 얼마나 됐습니까?
What is the best customer service?	최고의 고객 서비스가 무엇이라고 생각합니까?
Why did you resign previous job?	왜 이전 직장을 그만두었습니까?
Which do you want part or full time?	아르바이트(파트타임)와 풀타임 근무 중에서 무엇을 원하십니까?

그룹 면접 대비하기

일부 대형 프랜차이즈 업체나 호텔과 같이 고객 응대 능력과 업무 협동 능력을 중요하게 생각하는 기업에서는 그룹 면접을 하기도 한다. 여러 지원자들을 임의로 그룹을 만들어 주고 하나의 주제를 가지고 그룹별로 토론하거나 논의 결과를 발표하는 대결을 시키기도 한다. 그룹 면접을 할 때 리더십을 보여 주기 위해 주도적으로 아이디어를 제시하고 그룹을 이끄는 것도 중요하지만 팀원들과 어우러지고 소통하는 것이 무엇보다 중요하다. 그룹 면접의 목적은 '협동심'과 '배려'를 보기 위한 것이라는 것을 명심하자.

복장

외국이니까 면접 복장도 자유로울 것 같다는 생각은 금물이다. 실제로 카페나 의류업체를 막론하고 대부분의 업체에서는 한국과 같이 규정된 유니폼을 착용하고 신발 색상이나 화려한 매니큐어를 제한하는 곳도 있다. 기본적으로 고객을 응대해야 하는 직업은 고객이 거부감을 느끼지 않도록 외형적으로 너무 튀지 않는 것이 중요하고 일반 기업 면접에 참여할 때는 정장 차림까지는 아니더라도 운동화나 청바지가 아닌 비즈니스 캐주얼 정도는 차려입는 것이 바람직한 면접 복장이라 할 수 있다.

Chapter 05

채용 합격과 고용 계약

채용 합격 통보와 고용 계약서 작성

면접 후에 채용이 확정되면 보통 일주일 이내로 이메일이나 전화로 합격 여부를 통보받고 회사와 고용 계약을 하게 된다. 고용 계약 시에는 채용 확인서 또는 채용 계약서(job letter 또는 job offer)에 규정 근무 고용인과 피고용인의 개인 정보를 비롯해서 직무 내용, 별도의 혜택, 근무 시간과 시급 또는 연봉을 기재하는 것이 일반적이다.

근무 시간work hour

일반 기업의 경우 채용이 확정되면 휴식 시간을 포함한 정규 근무 시간이 정해져 있고 법정 공휴일과 주말에는 근무를 하지 않는다. 하지만 근무 시간이 유동적인 서비스직의 경우 일반적으로 일주일 또는 2주 단위의 근무 시간표(rota 또는 shift)를 받게 된다. 시급제 직업의 경우, 보통 견습 기간(probation 또는 trial) 중에는 적은 근무 시간이 주어지고 수습 기간이 지나면 근무 시간을 추가로 배정받게 된다. 일부 기업에서는 견습 기간 동안 월급의 70~80%만 임금을 지급하기도 하고 아예 지급하지 않는 경우도 있다. 따라서 계약 전에 보장받는 근무 시간과 그에 상응하는 월급에 대한 부분을 명확하게 알아 두는 것이 좋다.

승진과 시급 인상

일반 기업의 경우 승진과 연봉 재협상에 대한 부분을 계약 전에 고지하는 것이 일반적이다. 소매상(retail shop)의 경우 일반적으로 일반 직원(team member)으로 시작하여 근속 기간, 업무 능력과 동료들의 평가에 따라 슈퍼바이저(supervisor)로 승진할 수 있다. 직급이 올라갈수록 시급이 인상되는 것이 일반적이고 직급 체계와 승진 체계에 대한 정보를 계약서 작성 전에 물어보는 것이 좋다.

추가 근무overtime

영국에서는 정해진 근무 시간 외에 추가 근무를 강요하지 않고 대부분의 직원들이 추가 근무를 원하지 않는다. 따라서 부득이하게 추가 근무가 발생할 때에는 규정 시급보다 높은 시급을 제공하거나 교통비를 별도로 지급하는 경우가 일반적이다. 한국인의 풍토상 추가 근무를 필수로 해야 한다고 생각할 수도 있지만 영국의 경우 추가 수당을 강요할 수 없고 추가 근무를 거부한다고 해서 불이익을 줄 수 없다. 따라서 원하지 않는다면 추가 근무를 반드시 할 필요는 없다. 하지만 영국에서도 성실하게 일하는 직원에게 승진이나 여러 가지 직장 내 기회가 주어지는 것은 당연한 일이다. 부득이한 이유로 모든 직원이 추가 근무를 해야 하는 상황이라면 함께 남아서 도와주는 것이 여러모로 좋겠다.

혜택benefit 확인하기

대부분의 기업에서 법정 휴가와 추가 수당 외에 별도로 실적에 따라 인센티브를 제공하거나 직원 할인과 같은 추가 혜택을 제공하고 있다. 계약서에 서명하기 전에 나에게 주어지는 혜택들을 잘 확인하고 활용하는 것이 좋다.

휴식 시간과 법정 유급 휴가

모든 기업은 5시간 이상 근무하는 노동자에 대해 법적으로 근무 시간에 상응하는 휴식 시간을 제공하도록 되어 있다. 또한 계약서상에 점심 제공 여부와 쉬는 시간에 대한 급여 지급 여부를 반드시 명시해야 한다. 일주일에 5일 이상 일하는 풀타임(full-time) 노동자는 법적으로 28일의 유급 휴가(공휴일 포함)를 회사로부터 제공받아야 한다. 만약 이 법정 기준 사항을 준수하지 않는 경우 본사에 청원하거나 영국 정부에 신고할 수 있고 이에 상응하는 보상을 받을 수 있으니 부당 대우를 받는 일이 없도록 이 내용을 숙지하고 있는 것이 좋다.

개인 서류 제출

채용이 확정됐다면 통상적으로 고용 계약서를 작성할 때 P46 서류(Starter Checklist)를 비롯해서 NI 넘버와 은행 계좌 정보를 제출해야 한다. P46 서류는 대부분 직장에서 알맞은 양식을 제공하고 있어 제공받은 양식을 작성해서 제출하면 된다. 만약 은행 계좌가 없다면 매니저에게 양해를 구하고 거주지를 명시한 잡 레터를 받아서 즉시 은행 계좌를 개설해야 한다. 은행 계좌 개설이 늦어지게 되면 근무 시작일이 늦어질 수 있고 이로 인해 채용이 취소될 수도 있다.

Chapter
06

/

은행 계좌 개설

은행 계좌 제출

영국에서 계좌를 개설할 때는 일반적으로 고용 확인서(job letter)를 요구하는 경우가 대부분이다. 하지만 아이러니하게도 영국에서는 NI 넘버와 은행 계좌가 없으면 고용이 불가하다. 우선은 영국 입국 후 NI 넘버 신청과 동시에 은행에 방문해서 계좌를 개설할 때 어떤 서류가 필요한지 알아보는 것이 좋다. 은행에서 NI 넘버나 잡 레터를 필수로 요구하는 경우에는 어쩔 수 없이 채용이 확정된 후에 계좌를 개설해야겠지만, 일부 은행에서는 구직 상태를 증명하는 잡 레터가 필수가 아닌 경우도 있으니 원하는 은행에 방문해서 구비 서류를 미리 알아보고 채용이 확정되면 즉시 은행 계좌를 개설하도록 하자. 근무 시작과 동시에 계좌 정보를 제출해야 되기 때문에 채용이 확정되면 은행 계좌부터 먼저 개설해야 한다.

은행		계좌 개설 구비 서류	기타
정규 은행	Barclays (바클리즈)	- 여권 & 비자(BRP) - 거주지 증명 서류 또는 고용 확인서	NI 넘버 우편물은 거주지 증명 서류로 인정되지 않음
	Lloyds Bank (로이드 뱅크)	- 여권 & 비자(BRP) - NI 넘버 - 고용 확인서	
	HSBC	- 여권 & 비자(BRP) - 고용 확인서	
	Santander (산탄더)	- 여권 & 비자(BRP) - 거주지 증명 서류	NI 넘버 우편물로 거주지 증명 가능 단, 이 경우에는 계좌와 연결되지 않은 충전식 직불 카드만 발급 가능
	Metro (메트로)	- 여권 & 비자(BRP) - 거주지 증명 서류 - 고용 확인서	- 일주일 내내 지점 오픈 - 당일 계좌 개설 및 카드 발급 가능
온라인 은행	Revolut (레볼루트)	- 영국 휴대 전화 번호 - 신분증	- 즉시 계좌 개설 - 카드 배송료 발생
	Monzo (몬조)	- 신분증	- 휴대 전화 애플리케이션 또는 홈페이지에서 주소 및 개인 정보 입력 후 신청 가능 - 최근에 정규 은행 인가 - 필요한 금액만큼 충전해서 쓰는 선불 카드 방식 - 카드 발급 대기 인원이 많음

영국의 은행

영국에도 크고 작은 은행이 있지만 대표적으로 바클리즈(Barclays), 로이드 뱅크(Lloyds Bank), HSBC, 산탄더(Santander), 냇웨스트(NatWest)가 있고 한국의 카카오뱅크 같은 온라인 전용 업체도 있다. 영국의 대표적인 온라인 뱅킹으로는 레볼루트(Revolut), 스탈링 뱅크(Starling Bank), 몬조(Monzo)가 있다. 인터넷으로 간편하게 가입할 수 있고 대부분의 온라인 뱅킹 업체들이 별도의 외환 수수료를 부과하지 않아서 유럽 여행을 할 때 용이하게 사용할 수 있다. 정규 은행에 비해 온라인 뱅킹 업체에 경우 본인 신분증 외에 추가로 계좌 개설 서류를 요구하지 않아서 계좌 개설이 쉽고 여러 가지 카드 혜택도 제공하고 있어서 담보대출(mortgage)이나 신용대출(loan)이 필요한 경우가 아니라면 계좌 개설이 쉬운 온라인 뱅킹을 사용하는 것도 좋다.

은행 계좌 개설하기

영국에서는 은행 계좌를 개설하려면 전화나 방문을 통해 담당자와 약속을 정한 뒤에 구비 서류를 가지고 정해진 약속 시간에 지점에 방문해야 한다. 은행에 방문할 때 여권, BRP, 거주지 증명 서류(본인 이름으로 발행된 공과금 고지서, 휴대 전화 요금 청구서 또는 NI 넘버를 신청할 때 받았던 레터 등 거주지 주소와 본인의 이름이 명시된 서류), NI 넘버, 직장 고용 계약서를 구비해야 한다. 학생의 경우 스쿨 레터 외에 은행에서 특별히 요청하는 서류가 있다면 반드시 구비해서 방문해야 한다. 한국에서는 각 은행에서 발행하는 카드별로 누릴 수 있는 혜택이 다양한 반면, 영국의 경우 일반 계좌에 대해 제공되는 혜택이 거의 없기 때문에 거주지에서 가장 가까운 은행 중에서 선택하면 된다.

정규 은행 계좌 개설 절차

① 전화, 홈페이지 또는 가까운 지점에 방문해서 계좌 개설 상담 약속을 잡는다.

② 각 은행에서 요구하는 구비 서류를 구비해서 해당 지점으로 방문한다.

③ 계좌 개설 인터뷰 진행: 왜 계좌를 계설하려고 하는지 이유를 묻고 개인 정보와 NI 넘버 등 신청서 항목을 기입해서 제출하면 된다. 계좌를 개설할 때 컨택트리스(contactless: 비접촉 결제) 기능이 있는 카드를 발급해 달라고 별도로 요청하는 것이 좋다. 컨택트리스 기능은 £30 이하 소액을 결제할 때 별도의 PIN 넘버 입력 없이 간단히 스크린을 터치하는 방법으로 결제할 수 있고 오이스터 카드 대신 교통카드로도 이용할 수 있다.

④ 인터뷰 후 약 7~10일 후에 집으로 카드와 비밀번호(PIN 넘버)가 담긴 편지를 받게 된다. 이때 모바일 뱅킹과 온라인 뱅킹의 PIN 넘버가 각각 다르게 설정되기 때문에 우편물을 버리지 말고 잘 보관해 두거나 본인이 사

용하는 비밀번호로 변경해서 사용하면 된다.

온라인 은행 계좌 개설 절차

① 홈페이지 또는 휴대 전화 애플리케이션에서 휴대 전화 및 개인 정보 입력 후 계좌 개설 신청

② 신분증 사진과 본인 얼굴 사진을 업로드하면 본인 인증 후 계좌 개설 완료

③ 계좌 개설 완료 후 별도로 카드 발급 신청

계좌 사용하기

영국의 은행은 종이로 된 통장을 발행하지 않고 온라인 계좌와 모바일로 예금 조회를 할 수 있는 계좌가 개설되고 계좌 개설 시 발행되는 카드(debit card)에 계좌 번호와 식별 번호(sort code: 솔트 코드)가 명시되어 있다. 별도의 통장이 발행되지 않기 때문에 대부분 휴대 전화 애플리케이션을 통해서 잔액을 확인하거나 송금한다. 계좌 이체 시 상대방의 계좌 번호와 솔트 코드를 정확히 입력해야 하고 계좌 개설 시 발급되는 PIN 넘버를 정확히 입력해야 계좌 이체를 할 수 있다. 예금 인출(withdrawal)은 현금인출기(ATM)를 통해 할 수 있고 보통 사설 ATM 기기가 아닌 은행에서 설치한 ATM 기기의 경우 은행이 다르더라도 별도의 인출 수수료가 없다. 현금 사용량이 많은 영국에서는 동네 곳곳에 현금인출기가 설치되어 있는 것을 볼 수 있다.

은행 관련 용어

Appointment	예약/약속	Account number	계좌 번호
ID	신분증(여권, BRP)	Sort code	식별 번호
Account	계좌	Payer	지급인
Debit card	직불 카드(체크카드)	Payee	수령인
Credit card	신용카드	Amount	금액
Pay in / Deposit	입금	Pending	보류된
Withdrawal	출금	Overdraft	잔액 초과
Free withdrawal	출금 수수료 없음	Transaction	거래 내역
Transfer	송금	Direct debit	자동 이체
Balance	잔액	Contactless	비접촉 결제 방식
PIN number/ Passcode	비밀번호	PINsentry	1회용 비밀번호 생성기

Chapter 07

급여 명세서와 세금 코드

급여 명세서

주급 또는 월급을 수령할 때 급여 명세서(pay slip: 페이 슬립)를 확인해 보아야 한다. 특히 시간제 근무자의 경우 매니저의 근무 시간 입력 실수, 세금 코드 오류 또는 존 보너스 누락 등의 이유로 실제로 받아야 하는 월급보다 적게 받을 수 있기 때문이다. 매번 페이 슬립을 받으면 월급 지급 내역과 세금 공제액을 확인해서 계산상의 오류가 있다면 바로 관리자에서 보고해서 손해 보는 일이 없도록 해야 한다.

세금 코드 확인하기

워홀러로서 첫 월급을 받았다면 반드시 세금 코드(tax code)를 확인해야 한다. 월급 수령액이 예상했던 수익보다 적다면 우선적으로 페이 슬립에 명시된 세금 코드를 확인해 봐야 한다. 세금 코드는 숫자와 문자로 이루어져 있는데 숫자는 '면세 기준 금액'을 의미하고 문자는 '세금 정보'를 나타낸다. 일반적으로 워홀러가 취득하는 소득은 Basic rate에 해당되므로 알맞은 세금 코드는 2018년 기준으로 '1185L'이다. 연간 소득 £11,850 이하는 세금이

면제된다는 뜻이며 그 이상 초과된 금액에 대해서만 20%의 세금을 부과한다는 세금 코드이다. 따라서 페이 슬립에 이 세금 코드가 아닌 다른 코드로 명시되어 있다면 세금 부과율이 달라지므로 관리자에게 보고하여 세금 코드를 바로잡아야 한다. 잘못 부과된 세금에 대해서는 다음 월급(또는 주급)을 수령할 때 차액분이 환불된다. 한편 세금 부과 기준 소득 금액이 달라지면 세금 코드도 달라지므로 본인의 소득액에 변동이 있거나 세금 부과 기준 금액이 인상되었다면 세금 코드를 재확인해야 한다.

영국의 소득세

영국은 연간 소득액에 따라 적용되는 세금율이 다르다. 따라서 나의 소득액과 세금이 정확히 계산된 것이 맞는지 여부를 반드시 확인해야 한다. 워홀러 대부분이 워홀이 끝나고 나면 본인이 낸 세금을 모두 돌려받을 것이라 생각하지만 실제로 돌려받지 못하는 세금도 있고 돌려받는다 할지라도 전액을 돌려받을 수는 없기 때문에 최대한 세금을 적게 납부하는 것이 좋다.

영국에서는 연간 소득이 £11,850 이하인 사람에게는 소득세를 부과하지 않지만 그 이상의 소득자에게는 소득액에 따라 차등적으로 세금을 부과한다. 예를 들어, 연봉이 £15,000인 사람은 세금 면제 소득을 넘었고 Basic에 해당하는 소득자이기 때문에 소득액의 20%를 세금으로 납부해야 하는데 이때 소득 전액에 대해 세금을 징수하는 것이 아니라 기준 금액인 £11,850를 제외한 추가 소득액에 대해 20%를 세금을 징수한다.(2018년 기준) 이 기준 금액은 매년 회계연도가 갱신되는 시점(매년 4월 6일)에 변동될 가능성이 있기 때문에 회계 기준 연도가 바뀌면 꼭 확인하는 것이 좋다.

구분	소득	세율
Personal Allowance	£11,850까지	0%
Basic rate	£11,851~£46,350	20%
Higher rate	£46,351~£150,000	40%
Additional rate	£150,000 이상	45%

소득세 부과 금액 예시

예) 시급 £7.38, 1일 7시간, 월간 25일 근무자의 경우 연간 소득액이 £11,851~£46,350의 소득자로(한 달 세전 소득액이 £987.50 이상) Basic rate가 적용된다.

세전 소득액(gross amount) £7.38 x 175시간 = £1291.50
세금 면제 소득(£987.50)을 제외한 추가 수입에 대해 소득세 20% 부과
세후 소득액(net amount): £1291.50 - {(£1291.50-£987.50)*0.2} = £1230.70
★ NICs(건강보험료) 및 연금(Pension) 세액을 제외한 소득세만 계산한 금액임

실수령액 계산하는 방법

주급이나 월급을 받을 때는 소득세와 NICs(건강보험료), 경우에 따라 연금 납부액에 차감된 금액을 받게 되는데, 소득세 면제 기준과 NICs 납부 면제액을 계산하는 기준이 각각 다르기 때문에 일일이 계산하기보다는 HMRC(영국 세금을 관리하는 기관) 홈페이지에서 본인이 납부한 세금을 조회하거나 월 소득에 따라 납부해야 하는 세금액을 계산할 수 있고 'salary calculator' 홈페이지나 휴대 전화 애플리케이션을 통해서 자신의 연봉만 입력하면 납부해야 할 세금액을 쉽게 확인할 수 있다.

연금 탈퇴하기

영국에도 한국의 국민연금 제도와 같은 연금(pension) 제도가 있다. 고용주와 피고용인이 일정 금액을 공동 분담하여 정년이 되면 연금 형태로 돌려받

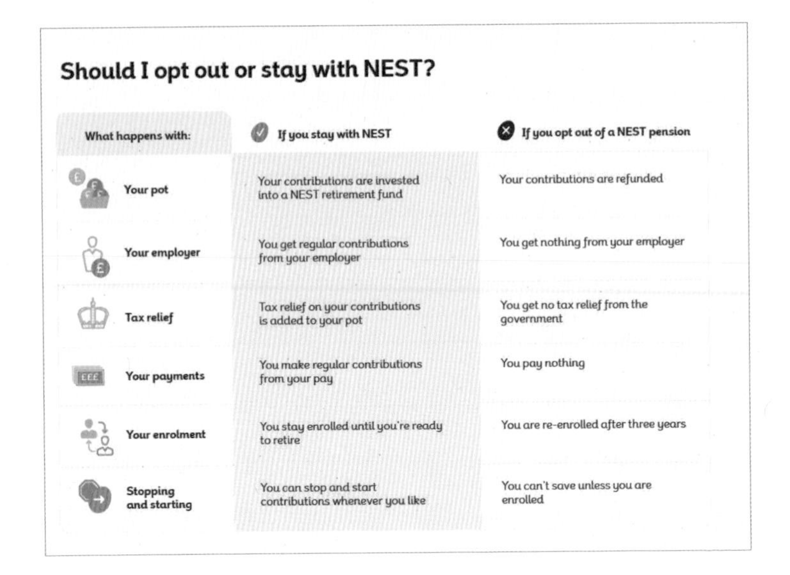

Should I opt out or stay with NEST?

What happens with:	If you stay with NEST	If you opt out of a NEST pension
Your pot	Your contributions are invested into a NEST retirement fund	Your contributions are refunded
Your employer	You get regular contributions from your employer	You get nothing from your employer
Tax relief	Tax relief on your contributions is added to your pot	You get no tax relief from the government
Your payments	You make regular contributions from your pay	You pay nothing
Your enrolment	You stay enrolled until you're ready to retire	You are re-enrolled after three years
Stopping and starting	You can stop and start contributions whenever you like	You can't save unless you are enrolled

는 우리나라의 국민연금 같은 제도이다. 워홀러의 경우 대부분 비자가 종료되면 영국을 떠나야 하기 때문에 굳이 매달 일정 금액을 연금으로 낼 이유가 없다. 따라서 첫달 월급을 받고 페이 슬립을 확인해서 혹시 연금에 가입되어 있다면 매니저에게 얘기해서 연금 탈퇴 신청을 해야 한다. 대부분의 기업에서 일을 시작할 때 NEST라는 국가 연금 기관에 자동 가입이 되고 일부 기업에서는 사설 연금 단체에 가입하기도 한다. 취업 후에 자동 가입이 됐다면 페이 슬립 항목에서 확인할 수 있고 NEST로부터 가입되었다는 편지가 우편으로 온다. 우편에 기본적인 연금 제도에 대한 안내와 탈퇴하는 방법이 나와 있고 2개월 이내에 탈퇴 신청(Opt-out)을 해야 한다.

월급 & 세금 관련 용어

PAYE(Pay As You Earn Tax)	버는 금액에 따라 부과되는 세금
Pay Slip	급여 명세서
Pay Date	급여 지급일
Gross Amount	세전 지급액
Net Amount	세후 지급액
Hours	근무 시간
Rate	시급
Zone Bonus	1존 근무 시 추가 수당
Deduction	공제 내역
Income Tax	소득세
Tax Period	과세 기간
Tax Paid	현재까지 납부한 세금액
Tax Code	급여에 적용된 세율
NIC(National Insurance Contributions)	건강보험료
Employee NICs	본인 부담 건강보험료
Employer NICs	고용주 부담 건강보험료
Pension	연금
Opt-out	탈퇴
NI Number(NI No.)	NI 넘버
Accumulations	연간 누적 급여 지급액
Benefit	월급 외 혜택
Paid Annual Leave	유급 휴가

Chapter 08

/

이직과 투잡 그리고 창업

영국에서 퇴사하기

영국에서는 이직하는 것이 그리 어렵지 않다. 자신이 선호하는 기업과 더 좋은 급여를 찾아 새 직장으로 옮기는 것이 흔한 일이며 직장 상사의 눈치를 보지 않아도 된다. 다만 이직을 하려면 최소 2~4주 이상의 기간을 남겨 두고 노티스(notice: 사전 통보)를 해야 한다. 후임이 구해지면 바로 일을 그만둘 수 있지만 그렇지 않은 경우에는 최대 근무할 수 있는 기간을 회사 측에 명확하게 통보하고 가능한 한 후임을 빨리 구할 수 있도록 돕는 것이 바람직하다. 최종적으로 회사를 그만둘 때는 사직서 개념의 서류(resignation letter)를 작성해야 하고 회사로부터 P45 서류를 발급받아 두어야 한다.

영국에서 이직하기

영국에서 새로운 직장에 취업할 때는 바로 전 직장의 고용주로부터 받은 P45 서류를 새 직장에 제출해야 한다. 지난 직장에서 퇴사 처리가 되면 이 서류를 받을 수 있는데 새 직장에 이 서류를 반드시 제출해야 알맞은 세금 코드를 적용받을 수 있다. 만약 퇴사 처리가 되지 않은 상태에서 새 직장에서 일을 시작하면 잘못된 세금 코드(emergency tax code)가 적용되어 세금 폭탄을 맞을 수 있다. 세금 코드 오류로 인해 초과 부과된 세금은 세금 코드를 바로잡은 뒤에 다음 달 급여를 받을 때 돌려받을 수 있다. 하지만 당장 생활해야 하는 한 달 생활비에 영향을 미칠 수 있기 때문에 경제적으로 곤란한 상황을 피하려면 이직과 동시에 이 서류를 제출하는 것이 좋다.

투잡two job

영국에서는 여러 개의 직업을 갖는 것에 제한은 없지만 소득이 높아질수록 납부해야 하는 세금도 늘어나기 때문에 투잡을 고집하지 않는 경우가 대부분이다. 예를 들어, 이미 첫 직장에서 세금 면제 기준 소득 이상 버는 사람이 투잡을 하게 되면 투잡을 통해 버는 전체 소득액에 20%의 소득세가 적용되기 때문에 체감상 세금 납부액이 상당히 늘어나게 된다. 정식 투잡을 하면 세금에 대한 부담이 생기기 때문에 대부분의 워홀러는 추가 소득을 위해 캐시잡을 찾는 경우가 많다. 캐시잡은 한인 커뮤니티에서 전시회 번역, 마트 시음회, 이삿짐 운반이나 공연 보조 등 주로 한인 업체에서 하루 이틀 정도 급하게 단기 인력을 필요로 하여 캐시잡을 제공하는 경우가 대부분이다.

1인 창업

YMS 비자 소지자는 취업뿐만 아니라 1인 창업도 할 수 있다. 단, 이 경우에는 직원을 고용할 수 없고 창업에 필요한 장비나 설비가 £5,000 미만으로 갖춰 줘야 하는 1인 기업 형태(self-employment)로만 창업할 수 있다. 창업을 원하는 경우 가게는 렌트할 수 없기 때문에 통상적으로 본인이 거주하는 가정집을 사업장 주소로 자영업자 등록을 해야 한다. 창업 주제나 사업 영역에 대한 제재는 없기 때문에 청년 창업을 꿈꾸고 있다면 창업을 해 보는 것도 영국 워킹홀리데이를 제대로 활용하는 방법이 되겠다. 영국에서 회사를 등록하는 절차는 영국 정부 홈페이지에서 자세하게 확인할 수 있다.

● https://www.gov.uk/set-up-business

영국 즐기기

Chapter 01

영국의 관광 명소

런던

대영 박물관British Museum

이집트에서나 볼 법한 미라를 비롯해서 다양한 연대의 유물들이 약 800만 점이나 보유하고 있는 박물관이다. 하지만 대부분의 유물들이 약탈한 것이라는 점 때문에 유물 반환을 놓고 논란이 일기도 하고 이러한 이유 때문에 입장료를 받지 않고 무료로 운영되는 박물관이다. 박물관에서 제공하는 무료 투어나 한국어 오디오 가이드를 대여해서 조금 더 깊이 있게 작품을 관람할 수도 있다. 매주 금요일에는 늦은 저녁 시간까지 운영되지만 공휴일에는 운영 시간이 변동될 수 있으니 방문 전에 꼭 운영 시간을 확인하도록 하자.

- 위치: Great Russell St, Bloomsbury, London WC1B 3DG

버킹엄 궁전Buckingham Palace

버킹엄 궁전의 내부는 매년 지정된 기간에만 한시적으로 관람할 수 있지만

내부를 관람하지 못한다 하더라도 관광객의 발길이 끊이질 않는 이유는 바로 근위병 교대식 때문이다. 근위병 교대식은 세인트 제임스 궁전(St. Jame's Palace)을 시작으로 더 몰(The Mall) 거리를 지나 버킹엄 궁전까지 행렬하기 때문에 버킹엄 궁전 정문 앞에서 가장 잘 볼 수 있다. 오전 11시 30분에 진행되는 근위병 교대식은 5~7월에는 매일, 8~4월에는 격일로 진행된다.

● 위치: Westminster, London SW1A 1AA

트라팔가 광장Trafalgar Square과 내셔널 갤러리National Gallery

거대한 사자 4마리가 넬슨 제독을 떠받치는 형상으로 형성된 이 광장은 문화와 정치의 중심이라 할 수 있다. 트라팔가 광장에는 세계인들의 발걸음이 연중 끊이지 않는 내셔널 갤러리가 있고, 버스킹을 하는 버스커들의 성지라고 불리기도 하며 정치 연설을 하는 장소로도 유명하다. 내셔널 갤러리에서는 빈센트 반 고흐(Vincent Van Gogh)와 렘브란트(Rembrandt)의 작품을 감상할 수 있으니 꼭 들러 보자.

● 위치: Trafalgar Square, London WC2N 5DN

빅벤Big Ben

우리에게는 '빅벤'이라는 이름으로 더욱 친숙한 이 시계탑의 공식 명칭은 '엘리자베스 타워(Elizabeth Tower)'이다. 런던을 대표하는 관광 명소이고 고딕 양식의 꽃이라고 불릴 정도로 세계인의 사랑을 받는 대표적인 관광 명소이다. 하지만 최근 빅벤의 노후화 문제로 대대적인 보수 공사에 착수했고 2021년까지 보수 공사가 진행될 예정이어서 현재는 아름다운 빅벤의 모습을 볼 수 없다. 하지만 공사 중이라도 매년 크리스마스와 1월 1일(New Year's Day)에는 빅벤의 종소리를 들을 수 있으니 절대 놓쳐선 안 될 것이다.

● 위치: Westminster, London SW1A 0AA

런던 아이 London Eye

밀레니엄을 맞이하여 건설된 대관람차로 당초에는 5년 정도만 운영할 계획이었으나 런던의 새로운 랜드마크로 자리 잡게 되면서 영구 운영하기로 결정되었다. 런던 아이가 한 바퀴를 다 도는 데 약 30분이 걸리며 런던 아이 캡슐 안에서 바라보는 런던 시내의 야경은 상상할 수 없을 정도로 아름답다.

● 위치: Lambeth, London SE1 7PB

타워 브리지 Tower Bridge

100여 년이 넘는 시간 동안 런던의 대표적인 랜드마크로 손꼽히는 곳이며 현재도 배가 지나갈 때는 다리를 들어올리고 있다. 양쪽 탑에는 타워 브리지의 원리를 전시해 놓은 타워 브리지 전시관(Tower Bridge Exhibition)이 있고 전시관에 방문하려면 사전에 티켓을 예매해야 한다. 런던 탑(Tower of London)에서 타워 브리지를 건너 런던 시청으로 이동하는 것이 좋고 기념 사진을 남기고 싶다면 런던 시청 쪽에서 타워 브리지를 배경으로 멋진 인생샷을 찍어 보자.

● 위치: Tower Bridge Rd, London SE1 2UP

테이트 모던 Tate Modern

운영이 중지된 발전소를 현대 미술관으로 탈바꿈시킴으로써 전시 방법부터 획기적인 시도를 하여 현대 미술의 중심으로 여겨지는 곳이다. 세계적인 화가인 피카소의 작품을 감상할 수 있으며 테이트 모던과 세인트폴 대성당 사이에 템스강을 가로지르는 밀레니엄 브리지와 함께 만들어 내는 풍경도 근사한 곳이다.

- 위치: Bankside, London SE1 9TG

셜록 홈즈 박물관 Sherlock Holmes Museum

셜록 홈즈를 사랑하는 사람이라면 꼭 가 봐야 할 곳이다. 베이커 스트리트(Baker Street) 현판 아래에서 사진을 남기고 셜록 홈즈 박물관에 들러 다양한 셜록의 소품들을 살펴보는 것만으로도 의미가 있을 것이다. 하지만 드라마에서 셜록 홈즈가 거주하는 집의 촬영지로 사용된 스피디 카페(Speedy's Cafe)는 베이커 스트리트가 아닌 유스턴 스퀘어(Euston Square)역 부근에 있으니 실제 드라마 촬영지가 궁금하다면 사전에 위치 정보를 찾아 두는 것이 좋다.

- 위치: 221b Baker St, Marylebone, London NW1 6XE

하이드 파크 Hyde Park

영국에서 오랫동안 생활한 사람들에게 어느 곳이 가장 좋은지 묻는다면 단연 공원일 것이다. 평일, 주말 할 것 없이 공원을 산책하고 따뜻한 햇살과 피크닉을 즐기는 영국인들의 삶을 체험해 보자. 특히 하이

드 파크를 가로지르는 큰 호숫가에서 백조와 오리를 볼 수 있고 겨울에는 놀이 시설이 들어서는 윈터 원더랜드(Winter Wonderland)가 열리는 곳이기도 하다.

- 위치: Westminster, London W2 2UH

프림로즈 힐 Primrose Hill

런던에서 유일하게 언덕이 있는 공원이다. 높은 언덕은 아니지만 런던의 야경을 감상하기에는 부족함이 없다. 언덕 꼭대기에 앉아서 런던을 밝히는 화려한 불빛들을 감상할 수 있는 곳이니 꼭 들러 보자.

- 위치: Primrose Hill Rd, Primrose Hill, London NW1 4NR

런던 외 지역

스톤헨지 Stonehenge

세계문화유산으로 지정된 스톤헨지를 보기 위해 죽기 전에 반드시 영국을 여행해야 한다고 할 만큼 스톤헨지의 가치가 대단하다. 스톤헨지가 발견된 이래 지금까지도 그 의미의 해석을 두고 논란이 불거질 정도로 미스터리에 싸여 있는 유적지이다. 스톤헨지를 있는 그대로 보존하기 위해 주변 지역을 개발 제한 구역으로 제한하고 본래 자연과 스톤헨지가 만들어 내는 풍경 전체를 보존하고 있어서 그 가치가 더 높으니 꼭 들러 보자.

- 위치: Amesbury, Salisbury SP4 7DE
- 교통편: 런던 워털루(Waterloo)역에서 솔즈버리(Salisbury)역으로 향하는 기차를 탑승한 후에 스톤헨지 투어 버스를 탑승해서 관광객 센터(visitors centre)로 이동해야 한다.

세븐 시스터즈 Seven Sisters

잉글랜드 남부 이스트본 해안가에 위치한 백색 절벽이 절경을 이루는 곳이다. 7개의 봉우리가 줄지어 있어 '세븐 시스터즈'라는 명칭이 붙었으며 세븐 시스터즈를 찾아가는 여정이 만만치 않은데도 불구하고 자연이 만들어 낸 절경과 절벽 주변의 평화로운 경치를 보기 위해 매년 많은 여행객들이 찾는 곳이다.

- 위치: Eastbourne BN20 0AB
- 교통편: 런던 빅토리아(Victoria), 킹스크로스(King's Cross), 런던 블랙프라이어스(London Blackfriars) 또는 클래펌 정션(Clapham Junction)역에서 브라이튼(Brighton)행 기차를 타고 브라이튼역에 내려서 X13번 버스로 종점까지 이동해야 한다.

로열 크레센트 Royal Crescent

이탈리안 양식의 건물이 즐비한 도시 바스(Bath)에 위치한 로열 크레센트는 초승달 모양의 건물과 건물을 따라 조성된 공원이 있는 곳이다. 실제 사람이 거주하는 집과 호텔로 개조하여 관광객에게 개방되고 있는 곳이 있는데 숙박 가격이 상상을 초월한다. 한 번에 다 담기 힘들 정도로 웅장한 건물의 규모에 한 번 놀라고 집 한 채당 가격에 한 번 더 놀란다는 로열 크레센트에서 자연과 인간이 빚어 낸 풍경의 조화를 느껴 보자. 바스는 도시 전체가 세계문화유산으로 지정될 만큼 로마시대 양식이 그대로 보존되어 있고 자연과 건물들이 이뤄내는 조화를 인정받은 도시이니 한 번쯤 꼭 여행해야 하는 도시이다.

- 위치: Royal Cres, Bath BA1 2LR
- 교통편: 빅토리아 코치 스테이션(Victoria Coach Station)에서 출발하는 시외버스를 이용하거나 패딩턴(Paddington)역에서 출발하는 직행 열차를 이용할 수 있다.

메이필드 라벤더 팜 Mayfield Lavender Farm

6월 초부터 9월 중순경에 운영되는 메이필드 라베터 팜에서는 다양한 라벤더 화장품과 용품들을 판매하고 있어서 상점들을 구경하기에도 좋고 트랙터를 타고 농장을 둘러보는 보랏빛 라벤더 팜의 풍경은 감히 상상하기 힘들 정도로 아름답다. 매년 가장 멋진 사진을 남겨 준 방문객을 선정하여 상금을 주는 이벤트도 있으니 인생샷을 찍으러 꼭 들러 보자.

- 위치: 1 Carshalton Rd, Banstead SM7 3JA
- 교통편: 별도로 운영되는 시외버스나 직행 기차는 없고 런던 대중교통을 여러 번 환승해서 찾아 가야 하는 번거로움이 있으니 차량을 렌트하거나 패키지 투어로 다녀오는 것이 경제적이다.

레이크 디스트릭트 국립공원 Lake District National Park

런던에서 북서쪽으로 약 5시간 정도 떨어진 곳에 있는 이 국립공원은 산악지대가 거의 없는 영국에서 유일무이하게 산악 지형이 자아내는 웅장한 자연경관을 느낄 수 있어서 '영국의 스위스'라고 불리는 곳이다. 자연이 빚어낸 암벽과 호수가 만들어 내는 평화로움은 바쁜 도시 생활로 지친 당신을 위로해 줄 것이다. 5~9월에는 관광객이 몰리는 성수기로 숙박 시설이나 입장 제한이 있을 수 있으니 사전에 예매하는 것이 좋고 날씨가 급작스럽게 바뀌는 곳이니 긴팔 옷을 꼭 챙겨 가는 것이 좋다.

- 위치: Windermere LA23 1AH
- 교통편: 런던에서 출발하는 경우 옥슨홀름(Oxenholme), 펜리스(Penrith), 칼리슬(Carlisle)역에서 하차해서 국립공원 내에 위치한 마을인 윈더미어(Windermere)로 환승해야 하고 맨체스터(Manchester)에서 윈더미어역까지 직행으로 운행하는 기차도 있으니 맨체스터에 방문할 예정이라면 일정에 포함시키는 것이 좋겠다. 공원 내에서는 페리를 타고 호수를 둘러볼 수 있고 마을과 마을을 이동할 때는 버스를 이용해야 한다. 버스와 페리 이용 통합 교통 패스를 판매하고 있으니 여러 마을을 둘러볼 예정이라면 편도 티켓을 이용하는 것보다 통합 패스를 구매하는 것이 경제적이다.

Chapter 02

/

영국의 음식 문화와 맛집

영국의 음식 문화

영국인들은 점심이나 저녁에 비해 아침을 든든하게 먹는다. 아침에는 잉글리시 브렉퍼스트(English breakfast)로 주로 정식을 먹는 편이고 일해야 하는 점심시간에는 주로 가벼운 스낵이나 샌드위치를 먹는다. 평일 저녁에도 거하게 먹지 않고 가벼운 샐러드나 파스타를 주로 섭취한다. 주중에는 가벼운 식사를 주로 하는 반면 일요일에는 온 가족이 모여 '선데이 로스트(Sunday roast)'를 먹는 문화가 있다. 한편 흔히들 영국의 음식은 '맛이 없다'고 표현한다. 그도 그럴 것이 대부분의 음식에 간을 하거나 양념을 하지 않고 오븐에 굽는 것이 전부인 조리법 때문에 음식에 특별한 '맛이 없다'는 표현이 정확한 맛평일지도 모른다. 하지만 영국에도 피시 앤 칩스뿐만 아니라 다양한 음식이 있으니 영국에 머무는 동안 잊지 말고 맛보도록 하자.

영국의 대표 음식

피시 앤 칩스fish & chips

대구나 명태 같은 흰살 생선을 튀긴 생선튀김과 감자튀김(chips)을 곁들여

먹는 영국의 대표적인 음식이다. 대부분의 식당과 펍에서 기본 메뉴로 갖추고 있는 가장 대중적이고 사랑받는 영국의 전통 음식이다. 특히 영국인들은 피시 앤 칩스에 소금이나 식초(vinegar)를 가미해서 먹으니 조금은 새콤한 감자튀김을 맛볼 수 있다.

오이스터 oyster

아이러니하게도 영국은 섬나라인데도 불구하고 해산물이 풍부하지 않은 편이지만 영국에 왔다면 잊지 말고 꼭 먹어야 하는 해산물이 바로 오이스터, 생굴이다. 특히 런던 버로우 마켓(Borough Market)에서는 엄청난 크기의 굴을 주문 즉시 따 주기 때문에 비리지 않고 신선한 굴을 맛볼 수 있고 특제 소스와 함께 먹으면 금상첨화이니 꼭 맛보아야 한다.

잉글리시 브렉퍼스트 English breakfast

잉글리시 브렉퍼스트는 토스트 식빵과 달걀 프라이, 버섯, 토마토, 베이컨, 소시지, 블랙 푸딩(순대와 비슷한 소시지의 일종)을 한 접시에 담아내는 음식으로 대표적인 영국식 아침 식사이다. 하지만 스코틀랜드와 웨일스 지역에서도 곁들어 먹는 음식이 조금씩 다른 '스코티시 브렉퍼스트(Scottish breakfast)'와 '웰쉬 브렉퍼스트(Welsh breakfast)'가 있으니 각 지역에 방문할 기회가 있다면 꼭 맛보아야 할 영국의 대표 음식이다.

스콘 scone 과 잼 jam

스콘은 영국의 대표적인 빵 종류의 하나로 조금은 퍽퍽한 식감이 드는 빵이지만 보통 부드러움이 일품인 클로티드 크림(clotted cream)과 함께 먹기 때문에 퍽퍽한 느낌이 거의 들지 않는다. 기호에 따라 딸기잼, 살구잼을 곁들여 먹기도 하고 영국인들이 바쁜 평일 아침 대용으로 먹는 대중적인 음식이다.

영국의 맛집 추천

힙칩스 Hipchips

영국 생활 중에 피시 앤 칩스가 질렸다면 조금은 색다른 칩스를 맛보아도 좋을 것 같다. 두꺼운 영국식 감자튀김이 아닌 얇게 바삭하게 튀겨 낸 칩스와 십 여 가지의 소스를 선택해서 곁들여 먹는 힙칩스의 칩스를 맛본다면 일반적인 피시 앤 칩스가 심심하게 느껴질지도 모른다.

- 위치: 49 Old Compton Street,Soho,London W1D 6HL
- 홈페이지: http://www.hipchips.com/

패시운 애비뉴 Passyunk Avenue

조금은 특별한 샌드위치를 판매하는 곳이다. 간단히 점심으로 샌드위치와 맥주를 한 잔 하기 좋은 샌드위치 전문점이며 기본 바게트 빵에 닭고기, 소고기 등 다양한 토핑을 선택할 수 있다. 샌드위치와 함께 제공되는 반쪽짜리 피클이 조금은 느끼할 수 있는 치즈의 맛을 말끔히 씻어 주고 한번 맛보면 계속 생각나는 현지인들이 많이 찾는 런던의 숨은 맛집이다.

- 위치: 80 Cleveland Street, London W1T 6NE
- 홈페이지: https://www.passyunk.co.uk

버거 앤 랍스터Burger & Lobster

한국인들이 런던에 오면 꼭 방문한다는 '버거 앤 랍스터'는 빅 이지(Big Easy)와 쌍벽을 이루는 랍스터 전문점이다. 런던 곳곳에 지점이 많아서 별도의 예약이 필요하지 않지만 저녁 시간에는 오래 기다려야 할 수도 있다. 랍스터는 부드럽게 쪄 낸 스팀(steamed)과 고소하게 구워낸 그릴(grilled) 중에 고를 수 있다.

- 위치: 소호, 레스터 광장 등 지점이 많음
- 홈페이지: https://www.burgerandlobster.com

파이브 가이즈Five Guys

미국의 오바마 대통령이 사랑하는 유명한 햄버거 프랜차이즈로 쉐이크섁버거와 함께 햄버거 마니아들에게 인기가 좋은 맛집이다. 도톰한 고기 패티와 풍성하게 올려진 토핑들이 어우러지는 부드러움과 밀크셰이크의 달달함은 그 맛을 더해 주고 파이브 가이즈 특유의 감자튀김은 마니아가 되기에 충분히 매력적인 맛이다.

- 위치: 킹스크로스, 트라팔가 광장 등 지점이 많음
- 홈페이지: https://www.fiveguys.co.uk

영국의 티tea와 커피 문화

영국을 떠올리면 '홍차'가 떠오를 정도로 영국인들의 '차' 사랑은 대단하다. 일반적으로 하루에 6~7잔 정도의 차를 마시고 회사에서도 티 브레이크 타임(tea break time)이나 애프터눈 티(afternoon tea)를 즐기는 시간이 정해져 있을 정도로 차를 좋아한다. 애프터눈 티타임(afternoon tea time)은 한국인들에게 이미 유명한 영국의 티 문화이고 보통 2~4시 사이에 저녁을 먹기 전에 출출해진 시간에 간단한 비스킷(케이크, 샌드위치, 쿠키 등)과 홍차를 곁들어 마시는 것이 특징이다. 영국인들은 티를 마실 때 예의와 순서를 매우 중요하게 생각하는데, 티를 먼저 우려내고 우유를 넣고 그다음 설탕을 넣는 순서로 밀크티를 만들어 마시는 것이 애프터눈 티를 즐기는 매너라고 여긴다. 일부 호텔에서는 드레스 코드(dress code: 복장 규정)를 정해 놓고 있어서 운동화나 운동복 차림은 입장이 제한될 수 있으니 예약한 곳의 드레스 코드도 사전에 꼭 확인해서 입장을 거부당하는 일이 없도록 하는 것이 좋다. AfternoonTea.co.uk에서는 지역별로 애프터눈 티 서비스를 제공하는 식당의 정보와 가격, 메뉴, 예약까지 한 번에 해결할 수 있어서 이 홈페이지를 통해 사전 정보를 확인하고 마음에 드는 곳에 예약하면 된다.

한편 최근에는 홍차보다 커피를 즐기는 사람들이 늘어나면서 스타벅스, 코스타 커피를 비롯해서 다양한 커피 전문점들이 들어서고 있고 커피 전문점이 아니더라도 모든 식당에서 품질 좋은 커피를 후식 메뉴로 갖추고 있다. 영국 사람들은 더운 여름에도 티와 커피는 따뜻하게 마셔야 한다고 생각해서 대형 카페가 아닌 식당이나 작은 카페에서는 얼음이 들어간 아이스 메뉴가 없는 곳도 있다. 영국인들에게 가장 인기 있는 커피 메뉴는 '플랫 화이트(flat white)'로 카푸치노보다 우유 거품이 미세하여 목 넘김이 부드럽고 커피 향이 진하게 느껴지는 것이 특징이다.

티와 커피 즐기기 좋은 곳

리츠 호텔 Ritz Hotel

영화 〈노팅힐〉의 촬영지로도 유명한 리츠 호텔은 런던 중심가에 자리하고 있고 건물 외관도 예뻐서 그 자체로 관광 명소 역할을 하고 있다. 리츠 호텔의 애프터눈 티를 즐기기 위해서는 사전 예약이 필수다. 호텔 홈페이지에서 원하는 시간과 메뉴를 설정해서 예약할 수 있고 애프터눈 티 서비스를 제공하는 시간대가 정해져 있어서 예약 시간에 맞춰 도착해야 한다. 성인 한 명당 £60 가량으로 비싼 편이지만 평일 할인을 제공하고 있으니 평일에 이용하면 조금 저렴하게 애프터눈 티를 즐길 수 있다.

- 위치: 150 Piccadilly, St. James's, London W1J 9BR
- 홈페이지: https://www.theritzlondon.com

햄 야드 호텔 Ham Yard Hotel

런던 관광의 중심지인 소호(Soho) 지역에 위치한 햄 야드 호텔에서 제공하는 애프터눈 티는 1인당 £20대의 저렴한 가격과 푸짐한 양으로 관광객의 마음을 사로잡기에 충분한 곳이다. 낮 12시부터 애프터눈 티 서비스를 제공하고 있으니 점심 대용으로 이용해도 부족함이 없을 만큼 양이 푸짐하고 맛도 좋다. 이곳 역시 사전 예약이 필요하고 홈페이지에서 원하는 시간대를 선택하고 예약할 수 있으며 피카딜리 서커스에서 도보로 5분 거리에 있어서 찾아가기도 수월하다.

- 위치: Ham Yard Hotel, One Ham Yard, London , W1D 7DT
- 홈페이지: https://www.firmdalehotels.com

포트넘 앤 메이슨 Fortnum & Mason

영국 왕실에 홍차를 납품하는 홍차 브랜드로 유명한 포트넘 앤 메이슨에서도 고급 차와 함께 애프터눈 서비스도 제공한다. 애프터눈 서비스는 1인당 £50로 다소 비싼 편이지만 애프터눈 티 서비스뿐만 아니라 선물용으로도 좋은 다양한 차 제품과 차와 어울리는 비스킷과 고기 파이, 스카치 에그 등 차와 함께 곁들일 수 있는 음식도 판매하고 있으니 영국 홍차의 깊은 맛을 느껴 보고 싶다면 반드시 가 보기를 추천한다.

- 위치: 181 Piccadilly, London W1A 1ER
- 홈페이지: https://www.fortnumandmason.com

몬머스 커피 Monmouth Coffee

커피 애호가라면 오직 런던에만 2개의 지점을 운영하고 있는 몬머스 커피에 꼭 한 번 들러 보자. 몬머스 커피에서는 십여 가지의 커피 원두도 판매하고 부드러운 거품이 일품인 따뜻한 플랫 화이트와 촉촉한 크루아상의 조합은 상상하지 못할 조합이니 코벤트 가든(Covent Garden)에 방문할 예정이라면 그리 멀지 않은 곳에 있는 몬머스 커피에서 잠시 쉬어 가 보자. 단, 일요일에는 문을 열지 않으니 방문 전에 운영 시간을 꼭 확인해야 한다.

- 위치: 27 Monmouth St, London WC2H 9EU
- 홈페이지: https://www.monmouthcoffee.co.uk

스타벅스 리저브 Starbucks Reserve

런던에 있는 스타벅스 리저브 매장에서는 한국 매장과는 달리 직원의 안내를 받아 자리를 잡고 주문부터 계산까지 자리에 앉아서 할 수 있고 직원이 음료 서빙까지 해 준다. 리저브 매장에서만 이용할 수 있는 특별한 메뉴와 핸드 드립으로 내려 주는 고소한 커피 향과 리저브 매장 특유의 모던한 분위기를 느끼고 싶다면 잠시 이곳에 들러 쉬어 가는 것도 좋겠다.

- 위치: 5 Upper St Martin's Ln, London WC2H 9EA

팁tip 문화

영국에서는 미국과는 달리 웨이터에게 팁을 주는 것이 필수가 아니다. 팁을 주는 것은 선택 사항이고 카드로 결제할 때도 원하는 금액만큼 팁을 줄 수 있다. 현금 계산 후에 £1 이하의 동전은 팁으로 두고 오는 것이 보편적이다. 대부분의 식당에서는 팁과는 별개로 음식값의 10~15% 가량의 서비스 비용(service charge)이 추가로 청구된다. 서비스 비용은 반드시 내야 하는 법적인 의무 사항은 아니지만 대부분의 식당에서 청구하고 있으며 식당이 제공한 서비스가 마음에 들지 않는다면 지불하지 않아도 된다.

Chapter
03
/
영국의 펍과 클럽

영국의 술 문화

영국을 대표하는 술은 위스키(whiskey)와 페일 에일(pale ale) 맥주가 있다. 우리에게도 매우 친숙하한 스코틀랜드 지방의 전통 스카치위스키와 톡 쏘는 탄산과 깊은 향이 일품인 페일 에일은 영국에서 꼭 맛봐야 할 술이다. 영국 사람들은 평일 점심시간에도 가볍게 와인이나 맥주를 즐길 정도로 술을 사랑하고 스포츠 경기를 볼 때는 펍에 모여 맥주를 마시며 경기를 관람한다. 술을 마실 때 안주를 거의 먹지 않으며 한곳에서 오랫동안 천천히 술을 마시는 우리나라와는 다르게 이곳저곳을 옮겨 다니면서 술을 마시는 바 크롤(bar crawl) 또는 펍 크롤(pub crawl)이라는 문화가 있다.

펍pub과 여객tavern

'펍(pub)'은 public house의 줄임말로 술과 간단한 식사를 판매하는 술집을 일컫는 말이다. 런던에 위치한 가장 오래된 펍으로 알려진 램 앤 플래그(Lamb & Flag)를 비롯해서 대

부분의 펍들이 오픈 당시 모습을 그대로 유지하고 있다. 최근에는 스포츠 중계를 목적으로 대형 스크린과 TV가 여러 대 설치된 스포츠 펍과 저렴한 가격과 모던한 인테리어로 젊은 층을 공략하고 있는 프랜차이즈 형태의 펍들도 생겨나고 있다. 한편 '터번(tavern)'은 우리말로 '여객' 정도로 해석되는데 과거 호텔이 발달하지 않은 시절 잠자리가 필요한 손님들을 위해서 1층에 펍을 운영하고 2층은 객실을 운영했던 곳이다. 현재는 대부분의 터번이 객실은 운영하지 않고 펍만 운영하는 형태로 남아 있다.

맛봐야 할 술 추천

런던 프라이드 London Pride

런던 프라이드는 향긋한 과일 향이 풍기는 영국의 대표적인 에일 맥주로 목넘김이 부드러운 것이 특징이다. 외국으로는 수출되지 않기 때문에 영국에서만 맛볼 수 있는 맥주이며 거의 모든 펍에서 런던 프라이드 생맥주를 판매하고 있다.

IPA India pale ale

IPA 맥주의 유래는 영국이 인도를 식민지로 지배할 당시 인도로 영국의 에일 맥주를 수출하는 중에 높은 기온 때문에 맛이 변할 것을 우려해서 방부제 역할을 하는 홉을 다량 첨가하여 주조하였다고 한다. 다량 함유된 홉 때문에 진한 향과 씁쓸한 맛이 짙은 것이 특징이며 최근 향긋한 향과 씁쓸한 맛이 조화로운 IPA 제품이 계속해서 선보이고 있고 가격도 저렴하다.

캠든 타운 브루어리 Camden Town Brewery

런던의 대표적인 양조장으로 시원하고 톡 쏘는 청량감을 선호하는 젊은 세대의 기호에 맞춰 라거 맥주 종류를 계속해서 출시하고 있고 펍에서 대부분 생맥주를 판매하고 있으니 청량한 라거 맥주가 그립다면 꼭 맛보길 바란다.

달모어Dalmore

비싼 제품의 경우 수천만 원대를 호가하는 달모어는 영국의 대표적인 위스키이다. 영화 〈킹스맨〉에도 등장할 만큼 영국인들이 사랑하는 대표적인 위스키로 병에 새겨진 수사슴 모양의 로고가 인상적이고 과일 향이 깊은 것이 특징이다. 가볍게 마실 수 있는 12년산 제품의 경우 슈퍼마켓에서 저렴하게 구입할 수 있으니 깊고 향이 풍부한 영국 위스키를 즐겨 보자.

가 볼 만한 펍 추천

램 앤 플래그Lamb & Flag

1623년에 문을 연 이 펍은 런던에서 가장 오래된 펍으로 유명하고 현지인들에게 꾸준히 사랑받고 있는 영국의 대표적인 펍이다. 좁은 내부보다는 주로 매장 밖에 서서 맥주를 즐기는 사람들이 많고 피시 앤 칩스 맛도 좋은 편이어서 가볍게 피시 앤 칩스와 맥주를 즐기기에 적합하다.

- 위치: 33 Rose St, London WC2E 9EB
- 홈페이지: http://www.lambandflagcoventgarden.co.uk/

예 올드 미트르 터번Ye Olde Mitre Tavern

챈서리 레인(Chancery lane) 튜브 스테이션에서 좁은 골목을 따라 들어가면 신비로운 분위기를 풍기는 오래된 펍을 만날 수 있다. 겉보기에도 상당히 오래되 보이는 외관이 매력적인 이 펍은 런던에서 오래된 펍 중 하나로도 유명하고 오래된 단골이 많은 펍이다. 유명한 잡지인《타임아웃》에 찾기 힘든 펍으로 소개된 적이 있을 정도로 좁은 골목 안에 있으니 이곳에 방문한다면 길을 헤맬 각오를 하는 것이 좋겠다.

● 위치: 1 Ely Court, Ely Place, London EC1N 6SJ

더 포터하우스The Porterhouse

런던에 위치한 대표적인 아이리시(Irish) 펍으로 다양한 생맥주를 수입하는 곳으로도 유명하고 직접 수제 맥주를 제조하는 양조장을 가지고 있어서 포터하우스만의 특색 있는 맥주를 맛볼 수도 있다. 총 3층으로 이루어진 웅장한 건물 안에는 각 층마다 다른 분위기를 연출하고 있으니 건물 전체를 둘러보면서 맥주를 즐기기를 추천한다. 매주 목요일과 금요일 늦은 밤이 되면 지하에서 라이브 뮤직 공연도 하니 이곳에 방문한다면 절대 놓치지 말아야 할 부분이다.

● 위치: 21-22 Maiden Ln, London WC2E 7NA
● 홈페이지: http://www.porterhouse.london

바 킥Bar Kick

스포츠 경기를 관람하기 좋은 펍을 찾는다면 런던 동쪽 쇼디치(Shoreditch)에 위치한 바 킥을 추천한다. 매장 곳곳에 설치된 대형 TV를 통해 축구와 럭비, 테니스 등 다양한 스포츠 경기 중계를 시청할 수 있고 세계 각국의 국기와 축구 클럽들의 오래된 스카프로 장식된 실내 인테리어는 축구를 사랑하는 사람들에게 충분히 매력적인 곳이다.

● 위치: 127 Shoreditch High Street, E1 6JE

태터셜 캐슬Tattershall Castle

템스강 주변의 야경을 즐기면서 맥주를 마시고 싶다면 선상 펍인 이곳을 추천한다. 템스강 건너편으로 보이는 런던 아이와 워털루 브리지의 야경은 그야말로 환상적이며 빅벤의 야경을 즐기기에도 안성맞춤인 곳이다. 선상에서 시원한 강바람을 맞으며 바라보는 런던의 야경은 또 다른 분위기를 선물할 것이다.

- 위치: Victoria Embankment, London SW1A 2HR
- 홈페이지: https://www.thetattershallcastle.co.uk

웨더스푼 Wetherspoon

영국의 대형 펍 프랜차이즈 업체로 저렴한 식사와 맥주를 제공하는 것으로 유명하다. 맥주가 포함된 피자나 피시 앤 칩스가 £10 안팎으로 모든 메뉴가 상당히 저렴하고 모던한 인테리어 덕분에 젊은이들 사이에서 인기가 높다.

- 위치: 지점이 상당히 많음
- 홈페이지: https://jdwetherspoon.com

영국의 클럽

영국인의 클럽은 한국과 달리 나이 제한이 없어서 나이가 지긋해 보이는 아저씨, 아줌마들도 신나는 클럽 음악을 즐기곤 한다. 또한 클럽뿐만 아니라 일반 펍에서도 목요일이나 금요일에는 늦은 밤 시간에 디제잉을 하는 클럽으로 변하는 곳이 많아서 영국의 비싼 클럽 입장료가 부담된다면 펍에서도 충분히 클럽 문화를 즐길 수 있다. 런던 동쪽 지역에 위치한 쇼디치에는 클럽 분위기의 소형 펍과 힙합 공연장이 많아서 젊은이들에게 인기를 끌고 있는 일명 '힙(hip)'한 곳 중 하나이고 대부분의 대형 클럽에는 항시 사람이 많아서 언제든 클럽 분위기를 즐길 수 있다.

가 볼 만한 클럽 추천

에그 런던Egg London

런던 최대 규모의 클럽으로 총 5개의 홀이 있고 각 홀마다 음악 장르가 달라서 좋아하는 음악 장르를 선택할 수 있는 것이 특징이다. 학생 멤버십이 등록된 사람에게는 무료 입장과 각종 할인 혜택이 주어지니 학생 신분이라면 멤버십을 등록하는 것이 좋겠다. 또한 현장에서 입장료를 지불할 경우 현금으로만 결제할 수 있다. 현금으로 결제 시에는 보통 £20 이상의 비싼 티켓값을 지불해야 하지만 인터넷을 통해 입장권을 구매하면 30~50% 저렴하게 살 수 있다. 에그 런던 클럽은 일요일과 월요일에는 운영하지 않는다.

- 위치: 200 York Way, London N7 9AX
- 홈페이지: http://www.egglondon.co.uk/

패브릭Fabric

런던에 있는 클럽 중에서 가장 오랜 시간 운영하는 클럽으로 유명하다. 보통 늦은 밤부터 새벽 6시까지 운영하는 것이 일반적이고 금요일과 주말, 또는 특별한 공연이 있는 경우에는 오전 11시까지 운영하기도 한다. 따라서 새벽 1~3시 사이에 입장객이 가장 몰리고 입장료도 가장 비싸다. 패브릭에는 다른 클럽에서 놀다가 그 클럽이 문을 닫으면 이곳으로 몰려드는 사람들이 많아서 이미 만취해 있는 사람들을 종종 볼 수 있으니 특히 주의해야 한다.

- 위치: 77A Charterhouse St, Clerkenwell, London EC1M 6HJ
- 홈페이지: https://www.fabriclondon.com/

코코KOKO

소규모 뮤지컬 공연장으로 사용되던 건물을 콘서트 공연장과 클럽으로 개조한 곳이다. 제시 제이 같은 유명한 팝 가수들이 공연하는 곳으로도 유명하고 주로 이른 저녁 시간에는 소규모 콘서트 공연이 이어지고 늦은 밤 시간에 본격적으로 클럽으로 변하는 곳이다. 일반적으로 클럽 입장은 11시부터 시작

되며 늦은 새벽까지 운영한다. 매일 다른 콘셉트의 음악으로 운영되고 있으니 사전에 홈페이지를 방문해서 공연 정보를 확인하는 것이 좋고, 공연 주제와 입장 시간에 따라 입장 금액이 다르다.

● 위치: 1A Camden High St, London NW1 7JE
● 홈페이지: http://www.koko.uk.com/

Chapter

04

/

연극, 뮤지컬과 문화생활

연극과 뮤지컬

영국에는 대부분의 연극과 뮤지컬 공연이 전용 극장이 있을 정도로 뮤지컬과 연극 공연의 인기가 높고 많은 공연들이 매회 매진을 기록하고 있다. 한국에 비해 저렴하게 뮤지컬 공연을 관람할 수 있다는 것도 영국 여행 중에 공연 관람을 빼놓지 말아야 할 이유이기도 하다.

공연 티켓 예매하기

온라인 예매

일반적으로 시간적 여유를 두고 미리 예매를 하면 저렴한 가격에 티켓을 구매할 수 있으며 공연 시간이 임박할수록 푯값이 비싸진다. 하지만 종종 당일 관람 시간이 임박했거나 티켓 판매량이 저조한 경우 대폭 할인된 금액의 뮤지컬 티켓을 판매하기도 한다. 그리고 일부 한인 티켓 전문 판매 업체에서 할인된 금액으로 공연 티켓을 판매하거나 식사가 포함된 세트 티켓도 판매하고 있으니 여러 홈페이지를 비교해서 구매하는 것이 좋다.

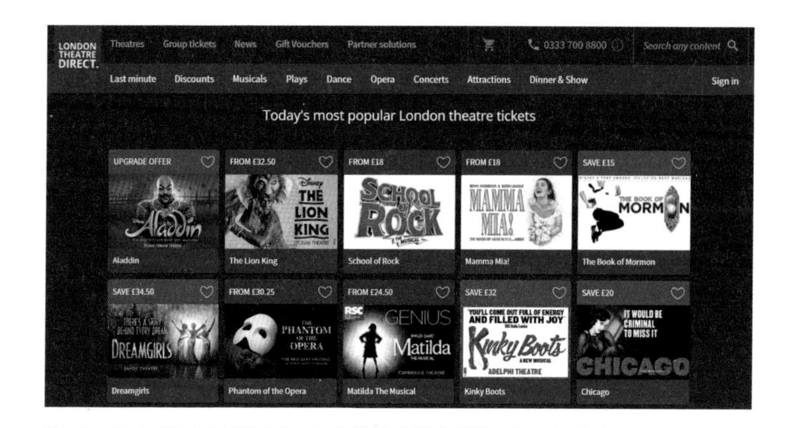

대표적인 공연 티켓 예매 사이트

- https://www.encoretickets.co.uk
- https://www.londontheatredirect.com

현장 구매

레스터 광장(Leicester Square)에 위치한 TKTS나 공연 티켓 판매 센터에 방문해서 당일 관람할 수 있는 공연 정보와 티켓을 구할 수 있다. 미판매 티켓이 많은 경우 저렴하게 판매하는 경우도 있으니 미처 예약을 하지 못했다면 이곳에 방문해서 저렴한 티켓을 찾아보는 것도 좋겠다.

볼 만한 공연 추천

〈라이온 킹The Lion King〉

디즈니 애니메이션을 원작으로 하는 이 뮤지컬은 친숙한 내용과 화려한 동작으로 관람객의 이목을 집중시키는 대표적인 인기 뮤지컬 작품이다. 아이들도 관람할 수 있는 공연이어서 가족 단위의 관람객이 많은 편이다. 공연장 안에서 다양한 〈라이온 킹〉 관련 기념품도 판매하고 있어 어른 아이 할 것

없이 좋아하는 뮤지컬이다.

〈**오페라의 유령**The Phantom of the Opera〉

전 세계적으로 성공한 뮤지컬 중 하나인 〈오페라의 유령〉을 본고지에서 관람해 보자. 런던에서 초연한 이래 지금까지 가장 인기 있는 뮤지컬로 자리매김하고 있으며 〈오페라의 유령〉 속 남자 주인공의 웅장한 노래는 그 반주가 시작됨과 동시에 극의 긴장감을 더해 주고 지루할 틈 없이 극이 흘러가기 때문에 끝까지 긴장을 놓을 수 없는 명작이다.

〈**맘마미아!** Mamma Mia!〉

향수를 불러일으키는 유명한 팝 그룹 아바(ABBA)의 노래를 엮어 뮤지컬로 옮겨 놓은 작품으로 중장년층에게 특히 인기가 높고 젊은 세대들도 충분히 공감할 수 있는 내용의 뮤지컬이다. 특히 이 작품은 런던에서 첫 공연이 시작된 뮤지컬로 런던에 온다면 놓치지 말아야 할 작품이다.

〈**햄릿**Hamlet〉

영국 BBC 드라마 속 셜록으로 유명한 배우 베네틱트 컴버배치가 주인공 햄릿으로 연기하면서 한국인들에게도 인기가 높아진 연극이다. 현재는 다른 배우가 연기하고 매년 연기자가 바뀜에도 불구하고 셰익스피어의 작품을 연극으로 잘 표현했다는 작품성을 인정받아 꾸준히 사랑받는 작품이다.

콘서트와 전시회

영국에는 일 년 내내 다양한 전시회와 콘서트가 끊이질 않는다. 대형 박물관만 하더라도 매년 새로운 작품들을 전시하는 특별전이 열리고 아델, 샘 스미스와 같은 세계적인 팝 가수는 물론이고 한국 가수들의 공연도 관람할 수 있으니 문화 생활을 즐기기에는 영국 만한 곳이 없다. 전시회 정보나 공연 정보는 티켓 예매 사이트나 이벤트 정보를 제공하는 Eventbrite 홈페이지와 휴대 전화 애플리케이션에서 확인할 수 있다.

- Eventbrite 홈페이지: https://www.eventbrite.com/

Chapter 05 / 영국에서 쇼핑하기

런던의 시장

버로우 마켓 Borough Market

런던 브리지 부근에 위치한 런던의 대표적인 재래시장으로 채소나 과일, 고기, 해산물을 판매하는 곳이다. 실제 현지인들이 장을 보는 곳이기 때문에 장을 서는 날에는 항시 사람이 북적이고 특히 이곳에서 판매하는 굴(oyster)은 꼭 맛봐야 한다. 굴에 특유의 소스를 첨가해서 판매하는데 가격이 저렴하진 않지만 한번 맛보면 절대 잊을 수 없을 것이다.

● 위치: 8 Southwark St, London SE1 1TL

포토벨로 마켓 Portobello Market

영화 〈노팅힐〉에 등장하는 서점이 있는 곳으로도 유명한 포토벨로 마켓은 원래 고가구나 접시, 클래식 카메라 같은 골동품을 판매하는 골동품 시장이었다. 하지만 최근에는 골동품 거리를 따라 늘어서는 노점상들이 점차 늘어나 현재는 다양한 품목을 판매하는 종합 시장이 되었다. 매주 일요일에는 장이 서지 않으며 이른 오후 1시를 기점으로 장을 마감한다. 신기한 골동품과 간단한 기념품을 구매하기에도 적합하고 포토벨로 마켓 곳곳에서 다양한 음식들을 판매하고 있는데 그중에서도 누텔라(nutella)가 발린 크레이프(crepe)는 꼭 맛봐야 할 대표 음식으로 손꼽힌다.

● 위치: Portobello Rd, London W11 1AN

캠든 마켓 Camden Market

화려한 염색과 피어싱을 한 펑키족들을 만날 수 있는 캠든 타운에 위치한 캠든 마켓에는 액세서리를 비롯해서 의류, 가방, 음식까지 판매하는 종합 시장이다. 특히 리젠트 운하(Regent's Canal) 옆에 위치한 캠든 록(Camden Lock)에는 다양한 먹거리를 즐길 수 있는 야외 푸드 코트와 테이블이 있어서 맥주와 음식을 즐기기에 좋다.

● 위치: Camden Lock Pl, Camden Town, London NW1 8AF

빌링스 게이트 피시 마켓 Billingsgate Fish Market

런던 동쪽 카나리 워프(Canary Wharf)에 위치한 대표적인 수산 시장이다. 일반 슈퍼마켓에서는 구하기 힘든 신선한 생선과 해산물을 도매 가격에 구매할 수 있다. 매일 새벽 4시부터 문을 열고 오전 8시경에 종료되니 서둘러서 방문해야 하고 매주 일요일과 월요일은 문을 닫는다.

● 위치: Trafalgar Way, London E14 5ST

뉴 코벤트 가든 마켓 New Covent Garden Market

영국에는 슈퍼에서도 꽃다발을 팔 만큼 꽃과 화분을 쉽게 살 수 있다. 영국 곳곳에 꽃시장이 있지만 그중에 대표적인 꽃시장은 뉴 코벤트 가든 마켓이다. 화훼 코너를 비롯해서 청과물을 함께 취급하는 시장이고 청과물 시장이었던 코벤트 가든의 기능을 좀 더 확장해서 옮겨 놓은 곳이라고 할 수 있다. 꽃과 과일, 채소를 저렴하게 도매 가격으로 살 수 있고 매주 일요일에는 문을 닫는다.

● 위치: Nine Elms Ln, London SW8 5BH

런던의 백화점

해롯 Harrods

런던 여행 중 야경 포인트로도 손꼽히는 장소인 해롯 백화점은 세계적으로 유명한 명품 백화점이다. 해롯 백화점 멤버십 가입자에게는 현금처럼 사용할 수 있는 포인트(rewards)를 적립해 주기 때문에 쇼핑을 좋아하는 사람이라면 멤버십을 꼭 가입해 두자.

● 위치: 87-135 Brompton Rd, Knightsbridge, London SW1X 7XL

셀프리지 Selfrifges

영국 쇼핑의 중심지인 본드 스트리트에 위치한 백화점으로 해롯 백화점과 함께 영국의 대표적인 백화점이고 맨체스터와 버밍엄에도 지점이 있다. 최근에는 명품 브랜드뿐만 아니라 중저가 브랜드가 입점되면서 좀 더 대중적인 백화점으로 탈바꿈했다. 한편 셀프리지에는 자체 제작 상품의 가격 대비 품질이 우수해서 현지인들에게 인기가 좋고 백화점 안에 있는 푸드홀(food hall)에서는 스시, 피시 앤 칩스, 샌드위치 등 다양한 음식을 판매하고 있다.

● 위치: 400 Oxford St, London W1A 1AB

리버티 런던 Liberty London

1800년대에 설립된 목조 양식을 그대로 유지하고 있는 리버티 런던은 건물 그 자체만으로도 역사적 가치가 있는 곳이다. 목조 건물의 특성상 대부분의 건축물이 화재로 유실되었는데 런던에서는 유일하게 이 양식이 남아 있는 곳이고 건물 내부도 모두 목조로 이뤄져 있다. 리버티 특유의 잔잔한 꽃무늬로 제작되는 옷, 신발, 가방을 비롯해서 천, 커튼, 미싱까지 리버티 특유의 감성으로 가득 차 있는 곳이다. 리버티 런던 안에 있는 스포츠 브랜드 나이키 매장의 경우 리버티 패턴이 들어간 독점 상품도 판매하고 있으니 꼭 들러 보자.

● 위치: Regent St, Carnaby, London W1B 5AH

영국의 세일 정보와 아웃렛

미드 시즌 세일 midseason sale

6월 중순부터 8월 초까지 약 6주 정도 진행되는 미드 시즌 세일은 백화점 세일을 시작으로 각 브랜드별로 세일 시작일이 다르므로 원하는 브랜드의 세일이 시작했는지 직접 확인해야 한다. 세일이 시작되는 시점에는 약 10~20%의 가격이 인하되고 세일이 막바지에 접어들수록 최대 50~70%까지 추가 할인이 진행되므로 7월 초에서 중순 정도가 쇼핑하기에 가장 적합하다. 하지만 인기 상품은 세일 시작과 동시에 금세 품절되기도 하고 옷은 사이즈가 없을 수 있으니 수시로 확인하는 노력이 필요하다.

박싱 데이 Boxing Day

매년 크리스마스 다음 날인 12월 26일에는 영국 최대 세일의 날, '박싱 데이'가 열린다. 미국의 블랙 프라이데이에 버금가는 최대 세일 기간으로 보통 크리스마스 전에 세일이 시작되어 26일 박싱 데이 당일에는 최대 90%까지 인하된 가격으로 상품을 판매하기도 한다. 구찌 같은 명품 매장 앞에는 전날 밤부터 밤새 줄을 서 있는 사람들이 있을 정도이니 그 할인 폭이 얼마나 대단한지 가늠할 수 있다. 박싱 데이를 제대로 활용하려면 우선 박싱 데이가 시작되기 전에 본인이 사고 싶은 옷이나 신발 사이즈를 미리 착용해 보고 어떤 상품을 가장 우선적으로 구매할지 정한 다음 박싱 데이 당일 아침에 매장 오픈 시간에 맞춰 우선순위순으로 매장에 방문해서 상품 가격을 확인하고 계산대로 직행해야 한다. 그렇지 않으면 계산하기 위해서 하루 종일 줄만 서 있다가 박싱 데이를 날려 버릴 수 있기 때문이다.

비스터 빌리지 Bicester Village 아웃렛

버버리, 구찌, 프라다, 발렌시아가, 몽클레어 등 한국에서도 유명한 명품 브랜드의 아웃렛이 모여 있는 영국의 대표적인 프리미엄 아웃렛이다. 비싼 명품 브랜드 제품을 항시 30~70%까지 할인된 가격으로 구매할 수 있다 보니 비스터 빌리지를 코스로 포함하는 관광 투어 상품이 있을 정도로 관광객들에게 인기가 많아서 매장 오픈 전부터 줄을 서서 기다리는 쇼핑객이 있을 정도다. 아웃렛 단지의 규모도 꽤 커서 다 둘러보는 데 상당한 시간이 소요되므로 쇼핑을 계획하고 있다면 하루 정도 여유 있게 시간을 내어 쇼핑하는 것이 좋다. 만약 쇼핑할 시간이 충분하지 않다면 휴대 전화로 미리 아웃렛 지도를 다운로드받아서 주요 브랜드 매장의 위치를 파악해 두는 것이 현명하다. 인기 있는 브랜드 매장들은 입장하는 데도 줄을 서는 경우가 많고 계산하는 데도 시간이 오래 걸리기 때문에 시간을 절약하기 위한 계획이 필요하다.

- 위치: 50 Pingle Drive Bicester, Oxfordshire OX26 6WD
- 교통편: 런던 말리본(Marylebone)역에서 비스터 빌리지(Bicester Village)역까지 30분에 1회씩 운행하는 기차가 있고 센트럴 런던 주요 장소나 호텔에서 픽업해서 비스터 빌리지까지 운행하는 버스가 있고 비스터 빌리지 홈페이지에서 예매할 수 있다.

건워프 퀘이 Gunwharf Quays 아웃렛

영국의 대표적인 항구 도시인 포츠머스에 있는 아웃렛으로 나이키, 아식스, 홉스 런던 등 중저가 브랜드 위주의 아웃렛이다. 관광객보다는 현지인들이 많이 찾는 아웃렛이고 탁 트인 바다와 배들이 정박되어 있는 풍경이 예쁜 곳이어서 그 자체로 여행이 될 수 있는 곳이다. 아웃렛 주변에 크고 작은 조형물들과 볼거리들이 많으니 런던 근교 여행과 쇼핑을 동시에 계획한다면 추천하고 싶은 곳이다.

- 위치: Gunwharf Quays, Portsmouth PO1 3TZ
- 교통편: 런던 빅토리아(Victoria)역이나 워털루(Waterloo)역에서 포츠머스 하버(Portsmouth Harbour)역으로 향하는 기차를 이용할 수 있고 빅토리아 코치 스테이션(Victoria Coach Station)에서 출발하는 시외버스도 운행하고 있어서 쉽게 찾아갈 수 있다.

영국의 대표 브랜드

버버리 Burberry

중절모에 긴 트렌치코트를 입은 모습은 영국인 신사의 모습을 표현하는 상징이 될 만큼 버버리가 개발한 '트렌치코트'는 곧 '영국'을 상징한다. 100여 년이 넘는 시간 동안 꾸준한 사랑을 받고 있으며 트렌치코트와 체크무늬는 버버리의 대표 시그니처다.

바버 Barbour

비가 자주 왔다가 그치는 영국의 기후 특성상 우산을 거의 사용하지 않는데 이 때문에 방수 기능이 있는 옷들이 많고 그중에 한국에서도 인기 있는 브랜드가 바버다. 브랜드

이름의 뜻 그대로 왁스로 코팅된 '방수 코트'가 대표 상품이며 한국에서는 '깔깔이'라고 불리는 바버의 퀼팅 재킷도 현지인에게 인기가 높다.

헌터 Hunter

160년 전통의 영국의 대표적인 레인 부츠 브랜드로 헌터 부츠의 세련된 디자인과 뛰어난 방수 기능은 영국 왕실로부터 인증받기도 했다. 어른 아이 할 것 없이 비가 많이 오는 날에는 헌터 부츠를 꺼내 신는다.

러쉬 Lush

영국의 핸드메이드 화장품 브랜드로 입욕제, 고체 샴푸, 팩 등 다양한 제품을 선보이고 있다. 특히 러쉬의 모든 제품은 인공 방부제 대신 계피나 꿀과 같은 천연 재료를 이용해서 유통 기한을 늘리는 방법을 사용하면서 천연 화장품 이미지를 각인시켰고 알록달록하고 강한 향은 러쉬 매장 앞을 지나가는 사람들의 마음을 끌고 있다.

포트넘 앤 메이슨 Fortnum & Mason

영국의 대표적은 '차(tea)' 브랜드로 영국 왕실에 납품하면서 그 품질을 인정받았다. 영국에는 대중화된 차 브랜드가 많지만 포트넘 앤 메이슨 홍차의 깊은 맛을 따라가지 못하기 때문에 한 번쯤은 제대로 된 홍차를 즐겨 보자.

로얄 알버트 Royal Albert

차 문화가 발달한 영국에서는 집에서도 애프터눈 티를 즐기는 사람들이 많고 티를 즐길 때는 꼭 전용 주전자(tea pot)와 3단 케이크 스탠드를 갖추고 먹는 문화가 있다. 따라서 가정집에서도 고급 호텔에나 있을 법한 식기들을 갖추고 있는데 여러 그릇 브랜드 중에서 화려한 꽃무늬와 고급스러운 식기의 모양 때문에 로얄 알버트가 가장 인기가 높다.

E45

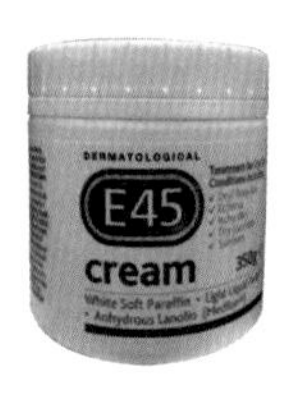

영국의 국민 로션이다. 화장품의 성분이 좋아서 아기에게 사용해도 될 만큼 순하고 여드름이나 피부 트러블이 있는 사람이라면 꼭 사용해 봐야 할 대표적인 영국의 화장품이다. 부츠나 슈퍼에서 쉽게 구매할 수 있다.

유시몰 Euthymol

한번 사용하기 시작하면 웬만해선 다른 치약은 성에 차지 않는 다는 매운맛이 강한 치약이다. 그만큼 중독성도 강하고 핑크색이 매력적인 영국의 대표적인 치약이다. 이탈리아에 마비스(Marvis) 치약이 있다면 영국에는 유시몰이 있다고 할 정도로 관광객들의 필수 쇼핑 아이템이 되었고 슈퍼마켓에서 저렴하게 살 수 있다.

선물하기 좋은 기념품

홍차 tea

영국의 기념품은 단연 홍차일 것이다. 이미 한국에서 유명한 고급 홍차 브랜드 포트넘 앤 메이슨을 비롯해서 저렴하지만 고퀄리티를 자랑하는 대중적인 차 브랜드 트위닝스(Twinings)와 위타드(Whittard) 제품들도 무겁지 않아서 선물로 구입하기 좋다.

근위병 피규어

어른 아이 할 것 없이 유럽에서 가장 큰 장난감 백화점인 햄리스(Hamleys)를 그냥 지나치기 어려울 것이다. 수만 가지의 장난감이 판매되고 있고 영국 왕실에 장난감을 납품할 정도라고 하니 이곳에서 만드는 장난감의 품질도 우수하다고 할 수 있다. 특히 이곳에서 판매하는 여왕 근위병(Queen's Guard) 피규어는 1만 원대 안팎으로 구매할 수 있어서 선물용으로도 좋다.

코스터 coaster

영국에서는 물 한 잔을 마시더라도 컵 받침(코스터)을 사용한다. 기념품을 판매하는 상점이나 포토벨로 마켓에서 영국 국기(유니언잭)나 영국의 랜드마크가 그려진 코스터를 판매하고 있고 가격도 저렴해서 열쇠고리 말고 조금 특별한 기념품을 찾는다면 코스터를 추천한다.

화장품

러쉬(Lush), E45, 더바디샵(The Body Shop), 솝앤글로리(Soap & Glory)의 화장품들은 이미 한국에서도 인기가 좋을 만큼 유명한 화장품이다. 핸드 크림이나 여행용 키트 또는 오직 영국 러쉬 매장에서만 판매하는 제품들은 가격도 저렴하고 기념이 될 만한 선물이다.

Chapter
06
/
프리미어 리그

현대 축구의 발상지인 영국에는 셀 수 없을 정도로 축구팀이 많고 잉글랜드, 스코틀랜드, 웨일스, 북아일랜드가 각각 자국의 리그를 운영하고 있다. 우리에게 가장 친숙한 '프리미어 리그'는 잉글랜드의 1부 리그를 칭하는 말이다. 매 시즌 총 20개 팀이 리그 형식으로 경기를 치러서 우승자를 가린다. 프리미어 리그는 매년 8월에 개막해서 다음 해 5월에 시즌이 종료되며 시즌 중에 경기가 있는 날에는 대부분의 펍에서 중계를 틀어 준다. 대부분의 영국인들이 각 출신 지역 연고지의 팀을 응원하고 비록 자신의 팀이 좋지 못한 성적을 내더라도 끝까지 응원하며 자부심이 대단하다. 영국에서 축구는 단순한 스포츠 경기 이상의 의미를 가지는데 경제, 문화, 지리, 역사 등 여러 가지가 복합적으로 작용하여 맨체스터 시티와 맨체스터 유나이티드처럼 한번 앙숙인 팀은 끝까지 앙숙이고 팬들끼리의 싸움도 자주 일어난다.

대표적인 프리미어 리그 팀

아스날 FC Arsenal Football Club

런던 북쪽에 위치한 아스날 지역에 기반을 둔 축구 클럽으로 프리미어 리그

에 가장 오랫동안 남아 있는 팀이며 유일하게 리그 무패 우승과 FA컵 최다 우승을 기록하고 있는 유서 깊은 팀이다. 한국 팬들에게는 프랑스 출신의 티에리 앙리(Thierry Henry)가 활약했던 팀으로 알려져 있다. 특히 엘리자베스 2세 여왕의 선대부터 대대로 아스날을 서포트하면서 버킹엄 궁전으로 아스날 선수들을 초대해서 팬 미팅을 가진 적이 있고 아직까지도 아스날 축구 클럽 외에는 왕실에 초대받은 축구 클럽은 없다.

- 연고지: 북런던 아스날(Arsenal)
- 전용 스타디움: 애미레이트 스타디움(Emirates Stadium)

토트넘 핫스퍼 FC Tottenham Hotspur Football Club

한국 팬들에게는 박지성 선수와 동시대에 활약했던 이영표 선수가 소속되었던 팀으로 이름이 알려지기 시작했다. 최근 손흥민 선수의 활약으로 한국 팬들이 계속 늘어나고 있으며 아스날과는 지리적인 이유로 오랜 라이벌 관계를 형성하고 있어서 아스널과 경기가 있는 날에는 서포터즈들 간의 신경전이 대단하다.

- 연고지: 북런던 엔필드(London Borough of Enfield)
- 전용 스타디움: 화이트 하트 레인(White Hart Lane)

첼시 FC Chealsea Football Club

런던의 대표적인 부유 지역인 첼시에 연고를 둔 첼시 FC는 지리와 역사적인 이유 때문에 풀햄(Fulham) 축구 클럽과 오래된 앙숙 관계에 있다. 또한 아스날과 토트넘과 같은 런던 지역에 연고하고 있다는 이유로 라이벌 관계를 형성하고 있다. 파란색 유니폼을 착용한 데서 '블루스(The Blues)'라는 별칭이 있다.

- 연고지: 서런던 첼시 지역 풀햄(Fulham)
- 전용 스타디움: 스탬포드 브리지(Stamford Bridge)

리버풀 FC Liverpool Football Club

리버풀을 연고지로 하는 또 다른 프리미어 리그 팀인 에버튼에서 독립하여 1892년 창단되었고 창단 이후 오랜 역사와 좋은 성적을 거두며 100여 년이 넘는 팬들의 사랑을 꾸준히 받고 있는 클럽이다. 오랜 역사만큼 리버풀의 팬들은 열정적으로 응원하기로 유명하고 훌리건도 자주 등장하는 클럽으로 유명하다. 전용 구장인 안필드에 리버풀 박물관을 운영하고 있으며 리버풀의 모든 역사를 한눈에 볼 수 있도록 다양한 전시품들이 전시되어 있다.

- 연고지: 리버풀(Liverpool)
- 전용 스타디움: 안필드(Anfield)

맨체스터 유나이티드 FC Manchester United Football Club

한국 축구의 레전드인 박지성 선수가 몸담았던 클럽으로 역대 프리미어 리그 최다 우승팀이다. 매년 프리미어 리그 내 티켓 파워 1위를 기록할 만큼 팬들의 충성도가 대단한 팀이고 성적도 꾸준히 우수하다. 박지성 선수의 인기가 높아지면서 영국 프리미어 리그 클럽 중에는 최초로 한국어 홈페이지를 오픈하기도 했다. 한국인 관광객들은 맨체스터 유나이티드의 축구장을 방문하기 위해 맨체스터에 방문한다고 할 정도로 한국에 두터운 팬층을 형성하고 있다.

- 연고지: 맨체스터(Manchester)
- 전용 스타디움: 올드 트래포드(Old Trafford)

맨체스터 시티 FC Manchester City Football Club

맨체스터 시티 축구 클럽은 창단 이래 3부 리그까지 강등될 정도의 침체기를 맞았지만 최근 계속해서 상승세를 유지하면서 상위권 순위를 기록하고 있다. 맨체스터 유나이티드의 감독이었던 알렉스 퍼거슨 감독이 맨체스터 시티를 향해 '시끄러운 이웃'이라고 표현한 유명한 일화가 있을 정도로 맨체스터 유나이티드와는 오랜 라이벌 관계를 형성하고 있어 양 팀 서포터즈와 감독, 선수 할 것 없이 신경전이 대단하다.

- 연고지: 맨체스터(Manchester)
- 전용 스타디움: 에티하드 스타디움(Etihad Stadium)

스타디움 투어와 기념품 가게

대부분의 프리미어 리그에 속한 구단들이 경기가 없는 날에 스타디움 투어 서비스를 제공하고 있다. 내부 시설 설명을 비롯해서 구단의 역사와 해설을 오디오 가이드를 통해 들을 수 있고 선수와 감독이 실제로 사용하는 락커 룸에서 사진을 찍거나 선수나 감독 전용 의자에도 앉아 볼 수 있으니 축구를 좋아하는 사람에게는 소중한 경험이 될 것이다. 또한 우승 트로피나 구단의 여러 가지 역사적으로 가치 있는 물품들을 전시해 놓은 박물관도 있어서 스타디움 투어 이용 시 함께 방문할 수 있고 유니폼, 축구공, 손수건 등 다양한 축구 관련 기념품도 가게에서 구매할 수 있다.

프리미어 리그 경기 티켓

모든 축구 클럽에서는 유료 멤버십 회원에게 티켓을 우선적으로 판매하고 있다. 유료 멤버십 회원도 등급에 따라 티켓 구매 시기가 달라지며 금액에도 상당한 차이가 있다. 티켓 대행업체를 통해 표를 구매할 경우 좋은 자리를 선점할 수 있어 편리하지만 티켓값이 원가의 두 배 이상 비싸다. 프리미어 리그 시즌 중에 한 번 이상 경기를 관람할 계획이라면 유료 멤버십에 가입해서 직접 티켓을 구매하는 것이 현명하다. 직접 멤버십에 가입해서 티켓을 예매하는 경우 보통 경기 한 달 전에 티켓 예매가 시작되니 미리 티켓 오픈 일정을 확인해 두어야 한다. 간혹 한인 민박업체나 영국 내 한인 커뮤니티인 '영국사랑'이나 '영국 워킹홀리데이 페이스북 페이지'에서도 경기 티켓을 구매할 수 있다.

티켓 예매하는 방법

① 각 구단 홈페이지 회원 가입

② 유료 멤버십 가입 신청 및 멤버십 카드를 받을 주소 작성
(한국 주소 가능, 영문으로 입력)

③ 멤버십 가입 비용 결제

④ 멤버십 카드 수령(배송지가 한국인 경우 약 4주 정도 소요)

⑤ 멤버십 등급에 맞는 티켓 오픈일에 맞춰 좌석 선택 후 예매
(실물 카드가 없어도 가입 후 즉시 예매 가능)

⑥ 티켓 인쇄 또는 멤버십 카드로 입장

★ 영국의 프리미어 리그 티켓 구매 대행 사이트

별도의 멤버십 가입 없이 티켓을 구매할 수 있으나 각 구단에서 제공하는 티켓 가격보다 두배 정도 비싸다.

- https://www.stubhub.co.uk
- www.ticketbis.net

Chapter 07

/

영국의 축제와 공휴일

영국의 축제

새해 불꽃놀이 | London New Year's Eve Fireworks

매년 12월 31일에서 1월 1일 자정이 되면 런던 아이(London Eye) 부근에서 새해를 축하하는 불꽃놀이를 시작한다. 10월 중에 티켓 예매가 시작되며 저렴한 좌석의 경우 보통 티켓 오픈 당일에 매진되고 2차 오픈은 대개 12월 초에 열리니 불꽃놀이를 직접 보고 싶다면 미리 홈페이지에 가입하고 알람 메일을 수신하는 것이 좋다. 금액은 구역(존: zone)별로 다르다. 불꽃놀이 관람석 일대의 모든 교통이 통제되니 미리미리 서둘러서 도착해야 하고, 정해진 좌석이 있는 게 아니라 존에 대한 구분만 있으니 일찍 도착해서 좋은 자리를 선점하는 것이 좋다. 한편 높은 빌딩에 위치한 식당에서도 관람할 수 있지만 입장료가 비싸고 식사를 하려면 1인당 50만 원 가량의 비용을 지불해야 하므로 상대적으로 저렴한 불꽃놀이 관람 티켓을 구매하는 것을 추천한다.

- 홈페이지: https://www.london.gov.uk/events

프라이드 인 런던 Pride in London

런던의 중심지인 옥스퍼드 스트리트(Oxford Street)를 통제하는 유일한 축제로 성소수자의 권리를 위한 퍼레이드를 진행한다. 무지개 깃발을 들고 거리를 행진하며 권리를 알리는 하나의 축제로 군인, 경찰, 기업, 정치인들도 이들을 지지하면서 점차 문화적인 축제로 자리 잡아 가고 있다. 매년 거리 행진을 하는 날짜는 변경되며 보통 7월에 열린다.

노팅힐 카니발 Notting Hill Carnival

매년 8월 마지막 주 토요일, 일요일, 월요일 총 3일간 노팅힐 지역 일대에서 열리는 유럽 최대 규모의 거리 축제이다. 당초 이 지역에 거주했던 이민자들이 자신들의 전통과 문화를 알리자는 취지에서 시작되었는데 현재는 브라질의 리우 카니발 다음으로 세계에서 두 번째로 큰 거리 축제로 자리매김했다. 축제 기간 동안 세계 각국의 음식과 음악을 동시에 접할 수 있고 퍼레이드는 카니발 마지막 날인 월요일에 절정을 이룬다.

에든버러 국제 페스티벌 Edinburgh International Festival

매년 8월 중순부터 3주 동안 스코틀랜드 에든버러에서 열리는 세계 최대의 공연 페스티벌이다. 축제 기간 동안 오페라, 클래식, 댄스, 연극 등 수백여 가지의 공연이 치러지는데 그중 가장 인기 있는 공연은 단연 군악대 공연인 '밀리터리 타투(Military Tattoo)'이다. 축제 기간 내내 에든버러 성 광장에서 스코틀랜드 전통 의상인 킬트(남성용 치마)를 입고 웅장한 파이프 악기와 북을 치는 공연을 진행하고 매년 수십만 명의 관람객이 관람하는 에든버러 페스티벌의 대표 공연이다.

크리스마스 Christmas

개신교의 발상지인 영국에서는 크리스마스를 최대 공휴일로 여기고 다양한 축제를 진행한다. 크리스마스가 다가오는 12월 전후로 영국 전역에 크리스마스 장식을 설치하고 크리스마스 마켓을 운영한다. 크리스마스 마켓에서는 다양한 공예품과 크리스마스 장식을 판매하고, 영국인들이 크리스마스에 먹는 크리스마스 푸딩과 여러 과일을 넣고 따뜻하게 끓여 낸 멀드 와인(mulled wine)도 맛볼 수 있다.

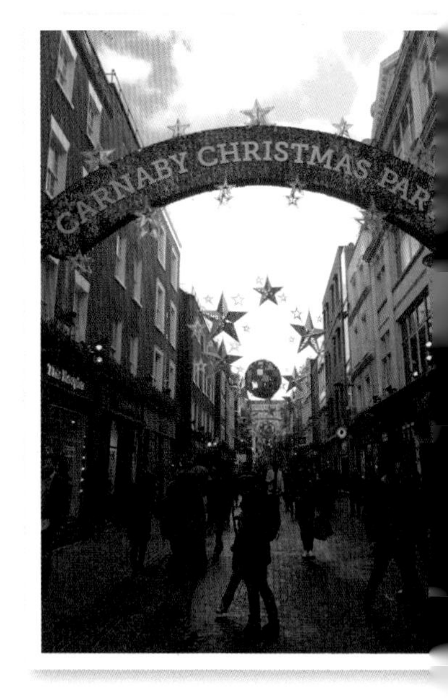

영국의 공휴일

날짜	명칭	비고
1월 1일	New Year's Day	1월 1일이 토요일이나 일요일인 경우, 첫 번째 월요일로 대체 휴일 지정
매년 변경	Good Friday	부활절 주의 금요일
매년 변경	Easter Monday	부활절 다음 월요일(스코틀랜드 제외)
매년 변경	Early May Bank Holiday	매년 5월 첫 번째 월요일
매년 변경	Spring Bank Holiday	매년 5월 마지막 월요일
매년 변경	Summer Bank Holiday	매년 8월 마지막 월요일
12월 25일	Christmas	모든 교통수단과 상점을 운영하지 않음 세인트 폴 대성당 무료 개방
12월 26일	Boxing Day	박싱 데이

유럽 여행하기

Chapter 01

/

유럽 여행 교통 정보

버스

섬나라인 영국에서 다른 유럽 국가로 버스를 타고 여행하는 건 비행기와는 다른 느낌을 선사해 준다. 영국과 유럽을 연결할 뿐만 아니라 유럽 전역을 버스로 여행할 수 있으며 티켓값도 저렴하지만, 비행기나 기차에 비해 이동 시간이 긴 단점이 있다. 보통 국경을 넘어가는 국제 노선 버스들은 심야 시간대나 이른 아침에 배정되어 있고 버스 내에 화장실도 겸비되어 있어서 장시간 이동해도 화장실 걱정이 없다. 비행편이 마땅치 않은 경우에도 이용할 수 있고 다양한 국제 · 국내 노선을 운영하기 때문에 여행지 내에서 지역 이동을 할 때도 편리하게 이용할 수 있다.

★ 대표적인 유럽 내 운행 버스

- 플릭스버스(Flixbus)
- 오이버스(Ouibus)
- 유로라인(Eurolines)
- 메가버스(Megabus)

기차

영국과 유럽 국가를 연결하는 기차인 유로스타(Eurostar)는 런던 세인트 판크라스 인터내셔널(St Pancras International)역에서 출발한다. 프랑스, 네덜란드, 벨기에로 직항 노선을 운영하고 있으며 직항 노선이 연결된 역에서 환승해서 다른 지역으로 이동할 수 있는 환승 노선도 운영하고 있다. 환승 노선을 통해서 대부분의 유럽 국가로의 이동이 상당히 편리하다. 런던에서 프랑스 파리까지 2시간 30분 정도 시간이 걸리고 파리 북역에서 하차하기 때문에 비행편보다 시내 접근이 편리하다. 하지만 저가 항공에 비해 티켓값이 비싼 편이고 탑승일이 임박할수록 티켓값이 더욱 비싸지므로 최소 2~3개월 여유를 두고 예매하는 것이 좋다.

★ 유로스타 직항 노선

런던 → 프랑스 파리, 디즈니랜드, 아비뇽, 릴, 리옹
런던 → 네덜란드 암스테르담
런던 → 벨기에 브뤼셀

● 홈페이지: https://www.eurostar.com

비행기

영국에는 런던 히드로 공항을 제외하고도 대표 도시에 수십여 개의 공항이 있다. 그중에서 런던 부근에서 저가 항공을 이용할 때는 주로 개트윅(Gatwick), 루튼(Luton), 스탠스테드(Stansted), 사우스엔드(Southend) 공항을 이용한다. 런던 시내에서 공항으로 이동할 때는 시외버스(내셔널 익스프레스: National Express)나 이지버스(Easybus)를 통해 공항 버스를 예약할 수 있고 런던 곳곳에서 기차로 이동할 수 있다. 대부분의 저가 항공은 £10 안팎의 최저 운임으로 티켓이 오픈되어 예약자가 많아질수록, 출발일이 가까워질수록 티켓값이 오르므로 최소 1~2개월 전에 티켓을 예매하면 비용을 절약할 수 있다. 또한 저가 항공은 기본적으로 운임에 위탁 수화물이 포함되어 있지 않고 별도로 비용을 추가해서 신청해야 하고 기내 수화물의 경우에도

일반적으로 한국에서 허용되는 22인치 캐리어보다 작은 사이즈만 허용된다. 비행사마다 허용 규격이 다르니 탑승 전에 꼭 확인해서 벌금을 내는 일이 없도록 주의해야 한다.

★ 유럽의 대표적인 저가 항공

- 이지젯(easyJet)
- 라이언에어(Ryanair)
- 뷰링(Vueling)
- 유로윙스(Eurowings)

★ 유럽 여행 시 교통 관련 필수 애플리케이션

구글 맵 Google Maps

각국의 골목골목 길을 찾을 때 가장 유용하다.

씨티 맵퍼 Citymapper

각 도시의 지하철과 버스 같은 대중교통 정보를 찾을 때 가장 유용한 애플리케이션이다.

스카이스캐너 Skyscanner

비행편 정보와 최저 가격을 비교할 때 유용하게 사용되는 대표적인 항공 관련 애플리케이션이다.

고 유로 GoEuro

유럽 내에서 국가 간 이동할 때 버스, 기차와 비행편 정보와 금액을 비교할 수 있는 애플리케이션이다.

Chapter
02

/

유럽 여행 숙소 예약 및 여행 준비

숙소 예약하기

유럽 어느 지역을 가더라도 호스텔과 호텔을 쉽게 찾을 수 있고 성수기에도 어렵지 않게 숙소를 예약할 수 있다. 극성수기를 제외하고는 숙박일이 임박해도 가격 차이가 크지 않다. 유럽 여행을 할 때 도미토리(dormitory: 이층 침대가 놓인 기숙사형 침실) 룸을 이용하면 숙박 비용을 상당히 줄일 수 있지만 화장실 이용과 소음으로 인해 발생하는 불편함은 감수해야 한다. 유럽 대부분의 호스텔에서는 남녀가 함께 사용하는 믹스 도미토리(mixed dormitory)를 운영하고 있는데 가격이 가장 저렴하지만 가급적이면 믹스 도미토리는 피하는 것이 좋다. 한편 유럽 대부분의 도시에서는 숙박료 외에 도시세(tax)를 부과하는데 일부 저렴한 숙박 시설의 경우 숙박비에 도시세를 포함시키지 않고 현장에서 별도로 청구하는 경우가 종종 있으니 온라인을 통해 숙박 시설을 예약할 때 숙박비 외에 별도로 발생하는 추가 요금은 없는지 꼼꼼히 따져 보는 것이 좋다.

★ 유럽 여행 시 숙박 관련 필수 애플리케이션

익스피디아	호스텔월드	아고다	에어비앤비
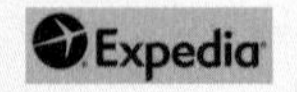	HOSTELWORLD	agoda	airbnb

환전하기

영국을 제외한 대부분의 EU 국가에서는 공용 화폐인 유로를 사용하고 일부 Non-EU 국가나 EU 국가라 하더라도 자국 화폐를 사용하는 곳이 있으므로 환전을 해야 한다. 영국 내에서 미리 환전할 때는 일반 은행보다는 우체국이나 토마스 환전소(Thomas Exchange) 같은 사설 업체를 이용하면 은행 공시 환율보다 좋은 환율로 환전할 수 있다. 사전에 환전을 하지 못했거나 많은 현금을 소지하기 불안하다면 현지에 도착해서 필요한 만큼 인출해서 사용하면 된다. 영국 은행 체크카드로 현지 ATM 기기에서 인출할 경우 현지 화폐가 인출되고 환율과 수수료가 적용되어 본인의 계좌에서 차감된다. 최근 영국의 메트로(Metro), 몬조(Monzo), 레볼루트(Revolut) 같은 은행들이 외국에서 예금을 인출할 때 별도의 수수료 없이 환율만 적용하는 서비스를 제공하고 있기 때문에 유럽 여행 시 용이하다.

짐 꾸리기

우리나라는 대부분의 도로가 매끈해서 캐리어를 끄는 데 불편함이 없지만 유럽 대부분의 도시는 차도 외에 인도나 광장이 울퉁불퉁한 보도블록으로 되어 있는 경우가 많다. 또한 대부분의 관광지들이 높은 성벽을 따라 올라가거나 계단을 올라야 하는 경우가 많기 때문에 무거운 캐리어는 유럽을 여행하는 데 적합하지 않다. 특히 저가 항공을 이용하는 경우에는 수화물 규정에 위반되는 경우가 많아서 벌금을 내거나 수화물 비용이 추가로 발생할 수 있다. 뿐만 아니라 캐리어를 끌고 있는 관광객을 대상으로 하는 소매치기 범죄도 상당히 많기 때문에 워킹홀리데이 기간 동안 일주일 내의 짧은 일정으로 유럽 국가를 여행할 계획이라면 캐리어보다는 배낭을 이용해서 짐을 꾸리는 것이 좋다.

비자 체크

한국인은 셍겐조약(협약국 내에서 최대 90일까지 무비자 여행이 가능함)에 따라 대부분의 유럽 국가를 최대 90일간 무비자로 여행할 수 있다. 하지만 입국하는 국가에 따라 비자 소지 여부를 체크할 수 있다. 영국의 대표적인 저가 항공사인 라이언에어는 한국인에 대해 비자를 필수로 체크하고 있으니 여권과 함께 BRP를 반드시 가지고 있어야 한다. 또한 유럽 여행을 마치고 영국으로 재입국할 때 만약 BRP를 소지하고 있지 않으면 입국 거부를 당하거나 불이익을 당할 수 있다. 따라서 영국을 출입국할 때는 반드시 BRP를 소지하고 있어야 한다.

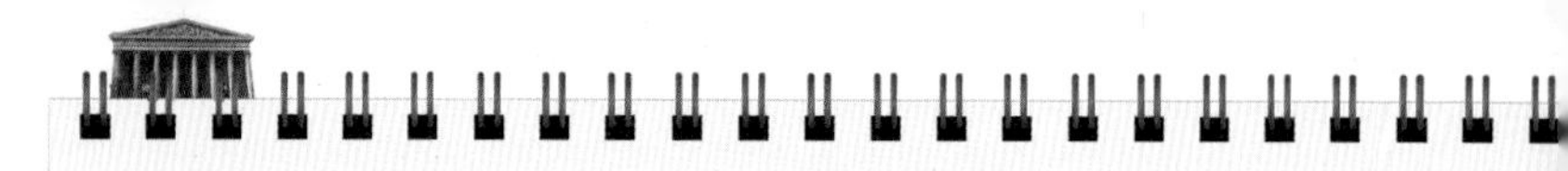

Chapter 03

국가별 여행 정보 - 추천 여행지 10개국

유럽 여행

영국 워킹홀리데이의 가장 큰 장점은 영국에 머무는 동안 유럽 국가로 자유롭게 여행할 수 있다는 점이다. 시간에 쫓기고 예산에 쫓기는 관광이 아니라 대도시부터 소도시까지 언제든지 저렴한 가격으로 유럽 전역을 여행할 수 있다는 것만으로도 영국 워킹홀리데이를 떠나야 하는 이유로 충분하다. 특히 영국은 공휴일을 제외하고 언제든지 본인이 원할 때 휴가를 낼 수 있으니 워킹홀리데이 기간 동안 10개국은 거뜬히 여행할 수 있다.

스페인

언어	화폐	전압	물가	대표 음식
스페인어	유로	220V	저렴	파에야, 감바스 알 아히요, 타파스

스페인은 영국에서 비행기로 약 2시간 이내로 갈 수 있는 곳이며 여름철에 휴양지로 많이 찾는 곳이기도 하다. 30도 이상 기온이 올라가는 여름철을 제외하고는 연중 온화한 기후 때문에 겨울철에 여행해도 큰 무리가 없지만

지역별로 강수량의 차이가 상당히 크니 여행지의 날씨를 미리 체크해야 한다. 스페인을 여행한다면 빼놓을 수 없는 것이 바로 다양한 음식이다. 한국인들에게 이미 유명한 스페인식 볶음밥인 파에야와 새우를 마늘 소스에 튀겨 낸 감바스 알 아히요와 소량으로 맛보기 좋은 다양한 타파스 요리를 꼭 먹어 보아야 한다. 또한 스페인 현지에서 맛보는 정통 하몽(Jamón: 스페인식 햄)과 치즈, 와인의 조합은 스페인 여행을 더욱 즐겁게 만들어 줄 것이다.

★ 대표 도시

마드리드 Madrid

스페인의 수도인 마드리드는 유럽에서도 손꼽힐 정도로 아름다운 대표적인 바로크 양식의 마드리드 왕궁을 비롯해서 도시 곳곳에 랜드마크가 밀집해 있는 도시이다. 마요르 광장(Plaza Mayor)을 중심으로 식당, 카페, 바들이 운집하고 있어 밤에도 활기를 잃지 않는 도시이며 스페인의 다른 도시에 비해 물가가 조금은 비싼 편이지만 대체적으로 영국과 다른 유럽 국가에 비해 저렴하다.

바르셀로나 Barcelona

천재 건축가 가우디로 시작해서 가우디로 끝나는 바르셀로나는 스페인의 대표적인 관광 도시이다. 지금까지 100년이 넘도록 완공되지 못한 사그라다 파밀리아 성당(La Sagrada Familia)을 비롯해서 가우디가 남긴 건축물만 감상해도 일주일이 모자라고 해질녘 해변가를 바라보는 것만으로도 충분히 아름다운 도시다. 특히 축구를 좋아하는 사람들에게는 FC 바르셀로나의 경기장인 캄프 뉴(Camp Nou)도 잊지 말고 방문해야 할 곳이다. 하지만 도시 곳곳에 소매치기가 기승을 부리는 곳으로도 유명하고 피해를 입더라도 마땅히 보상받을 방법이 없기 때문에 귀중품은 소지하지 않는 것이 좋고 항상 가방을 앞으로 메고 주의를 기울여야 한다.

이비자Ibiza

'환락의 섬'이라 불리는 이비자는 섬 내에 수십여 개의 클럽이 운집해 있는 곳이다. 해마다 여름철이면 바닷가에서의 휴양과 클럽에서의 파티를 즐기기 위해 수십만 명이 찾는 대표적인 휴양지이다. 유럽의 휴가철인 7~9월 사이에는 30도까지 올라가고 그 외에는 연중 10도 안팎으로 온화한 기후가 이어진다. 또한 대부분의 클럽과 식당이 여름 휴가철에만 운영되기 때문에 이비자를 방문하고자 한다면 여름철에 방문해야 한다.

이탈리아

언어	화폐	전압	물가	대표 음식
이탈리아어	유로	220V	저렴	이탈리안 피자, 스파게티, 젤라토

전 세계 문화유산의 80% 이상이 이탈리아에 있다는 말처럼 밟고 서 있는 곳곳이 문화유산인 곳이다. 어떤 도시를 가더라도 실망하지 않을 아름다운 풍경을 볼 수 있고 머리를 꽉 채울 수 있는 역사를 배울 수 있는 곳이다. 보는 즐거움뿐만 아니라 먹는 즐거움이 가득한 이탈리아에는 수십여 가지의 피자와 스파게티 그리고 젤라토를 저렴하게 즐길 수 있다. 알프스 산맥 부근에 위치한 북쪽 지역을 제외하고 서부 지역은 대체로 눈이 오지 않는 온화한 기후가 이어지고 여름에는 40도까지도 올라가니 8월 한여름에는 여행을 피하는 것이 좋다.

★ **대표 도시**

로마Rome

이탈리아의 수도로 로마 안에는 세상에서 가장 작은 국가인 바티칸(Vatican City)이 있기도 하다. 로마 가톨릭의 성지로 불리는 이곳에는 역사적 가치가 높은 문화유산이 곳곳에 있는 곳이다. 천 년이 넘도록 도시를 지키고 있는 판테온 신전과 고대 로마의 검투장이었던 콜로세움, 로마 시내의 중심부에 위치한 트레비 분수까지 걷는 곳곳이 문화 유적인 도시이다.

밀라노Milan

이탈리아의 경제를 이끌고 있는 북부 지역 중에서도 밀라노는 이탈리아 경제의 중심이라고 할 수 있다. 높은 경제 수준만큼이나 세계적으로 유명한 이탈리아의 명품 브랜드들이 줄지어 들어서 있고 매년 관광객들이 쇼핑하기 위해 밀라노를 방문한다고 해도 과언이 아니다. 하지만 꼭 밀라노를 방문해야 하는 이유는 무엇보다 레오나르도 다빈치의 〈최후의 만찬〉을 감상하기 위해서다. 이 작품 하나만으로도 밀라노에 방문해야 할 이유가 충분하고 세계에서 세 번째로 큰 가톨릭 대성당인 밀라노 대성당을 바라보면 건물에 압도당하는 느낌을 받을 것이다.

친퀘테레Cinque Terre

이탈리아어로 '다섯 개의 땅'이라는 뜻으로 이탈리아 북서부 해안가에 위치한 다섯 개의 마을을 통칭하는 말이며 이 마을들을 묶어 세계문화유산으로 지정된 곳이다. 해안가를 따라 형성된 절벽 사이에 다섯 개의 마을이 줄지어 있고 다섯 개의 마을을 잇는 기차로 이동할 수 있다. 친퀘테레를 여행하려면

우선 라스페치아(La Spezia)역에서 친퀘테레를 관통하는 기차로 이동해야 하고 친퀘테레 패스를 구입하면 이용 횟수 제한 없이 기차와 하이킹 코스를 이용할 수 있다. 라스페치아에서 가장 먼 곳에 위치한 마을인 몬테로소(Monterosso)부터 둘러보고 베르나차(Vernazza), 코르닐리아(Cornilglia), 마나롤라(Manarola), 리오마조레(Riomaggiore) 순으로 둘러보는 것이 좋다. 기차로 모든 마을을 이동하는 것보다는 일부 코스는 아름다운 해안 절경을 따라 하이킹 코스를 걸으며 풍경을 감상하는 것을 추천한다. 친퀘테레에 방문한다면 앤초비(멸치)와 칼라마리(오징어) 튀김과 친퀘테레 지역 와인을 꼭 맛봐야 하고 특히 여름밤에는 바다 위를 밝게 비추는 달과 수없이 쏟아지는 별들을 볼 수 있으니 꼭 방문해 보자.

피렌체 Florence

7월과 8월 여름에는 30도까지 올라가는 더운 날씨가 지속되지만 대체로 겨울에도 영하로 떨어지지 않는 온화한 기후를 보이는 곳이다. 이탈리아 사람들도 아름다운 도시로 손꼽는 도시이며 매일 밤 미켈란젤로 광장에는 빨간 지붕과 지는 석양과 밝은 불빛이 자아내는 피렌체의 야경을 보려는 사람들로 붐비는 곳이다. 언덕 위에 식당도 있으니 간단히 맥주를 마시며 여행의 피로를 씻어내기에 좋고 밤늦게까지 피렌체와 다른 도시를 잇는 야간 버스들이 운행되기 때문에 늦은 밤에도 비교적 치안이 안전한 편이어서 혼자 여행하기에도 무리가 없다.

프랑스

언어	화폐	전압	물가	대표 음식
프랑스어	유로	220V	보통	바게트, 마카롱, 케이크

영국과는 역사적인 이유로 그다지 사이가 좋은 국가는 아니지만 역사, 정치, 문화적으로도 영국과는 떼려야 뗄 수 없는 국가이며 유로스타의 개통으로 파리와 런던을 오가는 것이 더욱 편리해졌다. 특히 프랑스는 여러 국가와 국경을 마주하고 있어서 유럽 여행의 중심이라고 할 수 있으며 버스, 기차, 비행기 등 다양한 교통수단이 프랑스를 거쳐가고 있어 여러 국가를 여행할 계획이라면 꼭 지나치게 되는 곳이다. 광활한 대륙만큼이나 지역별로 기온차를 보이는데 남쪽으로 갈수록 더 따뜻하다. 7~8월 여름철에는 30도까지 올라가는 더운 여름이 지속되지만 겨울철에도 영하로 떨어지지 않으니 겨울철에 여행해도 큰 무리는 없다.

★ 대표 도시

파리 Paris

파리의 상징인 에펠탑과 개선문, 루브르 박물관만 보더라도 충분히 아름다운 도시이다. 하지만 전반적으로 도시의 치안이 불안하기 때문에 늦은 시간에 혼자 다니는 일은 피해야 한다. 특히 몽마르트르 언덕 주변은 대표적인 소매치기 위험 지역으로 야바위꾼들을 많이 볼 수 있는데 구경꾼들도 다 한 패거리로 구경하는 동안 가방을 털어 가거나 돈을 건다며 주의를 끌어서 돈을 훔쳐 갈 수 있으니 현혹되지 말고 지나쳐야 한다. 런던에서 파리를 갈 때는 비행기보다는 런던 세인트 판크라스역에서 유로스타를 통해 파리 북역으로 곧장 입국하는 것이 편리하다.

디즈니랜드 파리 Disneyland Paris

놀이공원이 발달하지 않은 영국인들이 가장 가고 싶어 하는 유럽 최대의 놀이공원인 디즈니랜드는 연중 다양한 파티와 퍼레이드가 이어지는 곳이다. 놀이 시설 외에도 디즈니 작품들로 꾸며진 테마파크 내에서 다채로운 볼거리를 선사해서 관광객들이 꾸준히 찾는 곳이다. 파리 시내 중심가에서 약 한 시간 정도 떨어진 6구역에 있고 RER-A 노선 Marne-la-Vallee-Chessy역에서 하차하면 된다. 일반 파리 시내 교통권으로는 이 역으로 갈 수 없기 때문에 RER-A를 이용할 때는 별도의 티켓을 구매해야 한다. 큰 가방을 가져가는 경우 가방 검사 시간이 많이 소요될 수 있으니 입장 시간 전에 미리 도착해서 줄을 서는 것이 좋다.

니스 Nice

프랑스의 대표적인 휴양지로 길게 뻗은 해안가를 따라 여름철이면 휴가를 즐기는 관광객으로 넘쳐나는 도시이다. 지중해 연안에 위치해 있어서 1~2월에도 15도 안팎으로 연중 따뜻한 도시다. 유럽인들이 꼽은 아름다운 휴양지로 비교적 치안은 안전한 편이지만 관광객을 대상으로 하는 소매치기가 빈번하기로 악명 높은 도시이니 귀중품은 되도록 가져가지 않는 것이 좋다.

스위스

언어	화폐	전압	물가	대표 음식
스위스어, 일부 독일어 사용	스위스 프랑	230V	비쌈	치즈 퐁듀, 뢰스티, 라클렛

스위스는 연중 언제 어느 때 방문해도 아름다운 곳이다. 스위스의 여름은 청정 호수와 우거진 나무들을 바라보는 것만으로도 지친 마음을 위로받을 수 있고, 겨울에는 순백의 눈으로 뒤덮인 알프스 산맥에서 스키를 즐길 수도 있으니 여름, 겨울 가릴 것 없이 여행하기 좋은 곳이다. 특히 3~4월경에는 스위스에 봄이 찾아오는 시기이지만 일부 산악 지대에는 여전히 눈이 녹지 않은 채로 낮은 기온을 보이기 때문에 3월이나 4월에는 스위스의 겨울과 봄을 동시에 즐기는 색다른 여행을 할 수 있다.

★ 대표 도시

인터라켄Interlachen과 융프라우Jungfrau

융프라우를 가기 위해서 인터라켄 동역에서 출발하는 산악 기차를 이용해야 하기 때문에 인터라켄에서 하루 묵고 새벽 일찍 융프라우로 향하는 것이 일반적이다. 인터라켄 동역에서 융프라우까지 약 2시간 30분 정도 걸리며 융프라우를 둘러볼 수 있는 시간이 정해져 있고 변화무쌍한 날씨 때문에 첫 기차로 서둘러 움직여야 한다. 산악 기차를 타고 융프라우를 가는 동안 마주하는 자연과 알프스 최고봉인 융프라우의 만년설은 스위스 여행의 백미라 할 수 있다.

로이커바드Leukerbad

'스위스' 하면 하얗게 눈 덮인 모습이 가장 먼저 떠오르지만 로이커바드에서는 높게 솟은 알프스 산맥을 바라보며 따뜻한 노천 온천을 즐길 수 있다. 산 밑에 자리 잡은 로이커바드 마을에는 여러 온천이 있지만 그중에서도 특히 부르거바트(Burgerbad)는 로마

시대부터 사용되어 온 가장 오래되고 인기 있는 산악 온천이다.

루체른 Lucerne

도시 한가운데 로이스강이 흐르는 물의 도시, 루체른에는 유럽에서 가장 오래된 목조 다리인 카펠교(Chapel Bridge)와 절벽을 깎아 만든 사자 기념비가 유명하다. 카펠교를 중심으로 식당과 상점이 들어서 있고 특히 저녁에는 카펠교를 중심으로 조명이 켜지면서 아름다운 경관을 볼 수 있으니 카펠교 부근 식당에서 여유 있게 야경을 즐겨 보자.

몰타 Malta

언어	화폐	전압	물가	대표 음식
영어, 몰타어	유로	240V	저렴	토끼고기 요리, 해산물 요리

영국인이 가장 사랑하는 휴양지인 몰타는 지중해 한가운데 위치한 섬나라로 우리나라의 제주도 크기보다 작은 이 국가는 중세시대부터 지리적 요지인 몰타를 점령하기 위해 전쟁이 끊이질 않았던 곳이다. 독립 전까지 영국령이었기 때문에 운전 방향, 빨간 전화박스, 빨간 우체통 등 몰타 곳곳에서 영국스러운 분위기를 느낄 수 있고 대부분의 몰타인들이 영어를 공용어로 사용한다. 예전부터 유럽인들이 휴양과 영어 공부를 동시에 저렴하게 즐기기 위해 많이 찾았던 곳으로 유럽의 필리핀으로 여겨졌던 곳으로 최근에는 한국인들에게 어학연수 장소로 인기가 높아지고 있다. 기온이 영하로 낮아지는 일

이 없는 연중 온화한 대표적인 지중해성 기후 지역이지만 겨울철에는 자주 비가 내리는 우기이기 때문에 겨울 몰타 여행은 피하는 것이 좋다.

★ 대표 도시

발레타Valleta

몰타의 수도인 발레타는 수도 전체가 세계 문화유산으로 지정될 만큼 중세 도시의 모습을 그대로 간직하고 있는 곳이다. 주로 관공서나 식당, 상점이 운집해 있어 밤에는 사람이 거의 없는 곳이며 몰타 대부분의 대중교통이 발레타를 거쳐가는 교통의 요지이다. 도시 규모가 크지 않고 옛 성벽 안에 자리 잡고 있기 때문에 하루 정도면 다 둘러볼 수 있는 작은 도시다.

엠디나Mdina

발레타로 수도를 옮기기 전에 몰타의 옛 수도였던 엠디나는 '음디나'로 불리기도 하고 발레타로 수도를 옮긴 뒤에 사람이 텅 빈 도시가 되어 '침묵의 도시(Silent City)'라는 별칭이 있다. 아직도 엠디나에는 중세 시대부터 사용되어 온 건물들이 그대로 남아 있고 '엠디나 글라스'라고 불리는 다양한 유리 공예품이 대표적인 기념품이다. 엠디나에 가게 된다면 엠디나 성 안에 있는 '폰타넬라' 식당에서 몰타를 한눈에 바라볼 수 있는 이층 테라스 석에 앉아 따뜻한 커피와 달콤한 초콜릿 케이크을 꼭 맛보길 바란다.

파처빌Paceville과 세인트 줄리안St. Julian

매년 여름 휴가철에는 영어 공부와 휴양을 동시에 즐기려는 유럽인들로 가득한 몰타에서 밤에 가장 인기 있는 곳이다. 해안가를 따라 클럽과 식당이 늦은 새벽까지 운영되는 곳이다. 식당이나 학원에서 무료 음료 바우처를 나눠 주기도 하고 대부분의 클럽이 입장료가 없어서 항상 사람이 붐빈다. 때문에 늦은 밤까지 나이트 버스(Night Bus)와 택시가 운영되며 낮에도 식사를 즐기기에 적합하지만 정규 택시 회사에서 운영하는 택시 외에 호객 행위를 하는 택시는 이용하지 않는 것이 좋다.

크로아티아

언어	화폐	전압	물가	대표 음식
크로아티아어	유로	240V	저렴	토끼고기 요리, 해산물 요리

크로아티아에는 도시와 도시를 잇는 기차가 발달하지 않았기 때문에 도시 간 이동을 할 때는 주로 버스와 차량을 이용해서 이동해야 한다. 길게 뻗은 지리적 특징 때문에 북부에 위치한 수도인 자그레브(Zagreb)에서 남부에 위치한 두브로브니크(Dubrovnik)까지는 차로 8시간 이상 걸리기 때문에 대부분 국내선 비행기를 통해 이동하거나 중간에 도시를 거쳐서 이동하는 경우가 많다. 먹물 리조토가 유명하고 크로아티아에서 판매하는 레몬 맥주는 낮에도 가볍게 음료 대용으로 즐길 만큼 달달하다. 전반적으로 크로아티아의 음식이 상당히 짜기 때문에 주문하기 전에 반드시 소금을 적게 해 달라고 말하거나 빼 달라고 말한 뒤에 원하는 만큼 소금을 넣어서 먹는 것이 좋다.

★ 대표 도시

자그레브 Zagreb

크로아티아의 수도로 대부분의 교통편이 운집되어 있는 곳이다. 자그레브에서 플리트비체(Plitvice), 스플리트(Split)

또는 자다르(Zadar)로 버스로 이동하는 경우가 많고 반 옐라치치 광장을 중심으로 시가지와 관광지가 운집해 있어서 도보로도 충분히 둘러볼 수 있는 도시이다. 특히 돌라츠 시장에는 먹거리, 볼거리가 많으니 꼭 들러 보자.

두브로브니크 Dubrovnik

크로아티아 여행의 종착지라고 할 수 있는 두브로니크는 '아드리아해의 진주'라고 불릴 만큼 푸른 아드리아해를 바라보고 성벽으로 둘러싸여 도시의 아름다움을 지키고 있는 곳이다. 빨간색 지붕이 도시를 뒤덮고 있기도 하고, 몇 해 전 여행 프로그램에 소개되어 크로아티아의 대표적인 도시로 인식되었으며 도시 전체가 평화롭고 안전하다.

플리트비체 Plitvice

영화 〈아바타〉에서 아바타 세상의 모티브가 되었던 장소로 속이 훤히 보이는 맑은 호수와 숲이 우거진 국립공원이다. 변화무쌍한 날씨 때문에 플리트비체를 포기하는 사람들도 있으나 맑은 날의 플리트비체의 모습은 절대 포기할 수 없는 절경이니 꼭 방문해 보자. 공원 입장료가 비싼 편이지만 학생 할인을 받을 수 있으니 국제 학생증을 꼭 챙겨 가는 것이 좋다.

자다르 Zadar

매일 저녁 끝없이 펼쳐진 수평선을 향해 아드리아해를 삼키는 세상에서 가장 아름다운 석양을 볼 수 있는 도시다. 파도가 연주하는 아름다운 오르간 소리도 들을 수 있어 매일 저녁 바다 오르간 주변에 앉아 오르간 소리를 들으며 석양을 바라보려는 관광객이 끊이질 않는 곳이다.

헝가리

언어	화폐	전압	물가	대표 음식
헝가리어	헝가리 포린트	230V	저렴	굴라쉬, 랑고스, 포콜트

동유럽 여행의 마무리라고 불리는 헝가리는 부다페스트를 중심으로 도시 전체가 아름다운 건물들이 즐비한 곳이다. 또한 매콤한 고기 수프인 굴라쉬는 한국인의 입맛을 사로잡은 대표적인 헝가리 전통 음식이다. 헝가리는 대부분 기차로 부다페스트와 주요 도시를 연결하고 있고 동유럽 내륙에 위치한 지리적 특성상 체코, 오스트리아, 폴란드, 크로아티아 등 주변 국가를 연결하는 교통 허브 역할을 하고 있고 버스와 기차 노선이 다양하게 운영되고 있어서 동유럽 국가를 여행할 때 꼭 거쳐가게 되는 곳이다. 한편 헝가리 내에서는 무임 승차에 대한 처벌과 검사를 철저하게 하고 있고 벌금도 상당히 비싸니 대중교통을 이용할 때는 반드시 티켓을 소지하고 있어야 한다. 헝가리는 12월과 1월에는 온도가 영하로 떨어지는 추운 날씨가 지속되기 때문에 도보 여행에 적합하지 않고 봄이 시작되는 4~10월이 여행하기에 가장 좋다.

★ 대표 도시

부다페스트 Budapest

디즈니랜드를 연상시키는 어부의 요새와 부다 왕궁, 국회의사당, 세체니 다리, 성 이슈트반 대성당 등 이름만 들어도 모습이 연상될 만큼 세계적으로 유명한 관광지들이 수도인 부다페스트를 중심으로 형성되어 있고, 물가도 저렴해서 관광객들이 꾸준히 찾는 곳이다. 특히 어부의 요새와 헝가리 국회의사당의 야경은 부다페스트를 아름답게 비추는 대표적인 야경 포인트로 헝가리 여행의 필수 코스다. 도나우강 위에 세워진 최초의 다리인 세체니 다리도 놓치지 말아야 할 야경 포인트이고 온천 문화가 발달한 헝가리에는 부다페스트 곳곳에 온천을 즐길 수 있는 곳이 있으니 헝가리 온천에서 여행의 피로를 풀어 보자.

발라톤 Balaton과 티하니 Tihany

내륙에 위치한 헝가리의 지리적 특성상 바다를 볼 수 없는 헝가리에서 '헝가리의 바다'라고 불리는 발라톤 호수는 그 면적이 우리나라 서울만큼 큰 호수이다. 부다페스트에서 기차로 2시간 가량 떨어진 곳에 있으며 바다만큼 넓고 수심이 비교적 얕아서 헝가리인들이 휴양을 즐기기도 하고 안전하게 물놀이를 즐길 수 있다. 발라톤 호수 북쪽에 자리 잡은 티하니 마을은 아기자기한 공예품으로 마을을 가득 채우고 있으니 티하니 마을도 함께 둘러보는 일정으로 하루 또는 당일치기 일정으로 다녀오기 좋은 곳이다.

벨기에

언어	화폐	전압	물가	대표 음식
네덜란드어, 프랑스어, 독일어	유로	220V	보통	와플, 초콜릿, 플리츠, 홍합 요리

프랑스, 네덜란드, 독일, 룩셈부르크까지 무려 4개의 나라와 국경을 접하고 있는 벨기에는 지리적 특성상 여러 문화가 혼재되어 있으며 국경이 인접한 지역별로 사용하는 언어가 다르다. 흔히 '맥주' 하면 독일을 떠올리지만 실제로 유럽에서는 독일 맥주보다 스텔라, 호가든, 듀엘, 레페 등 벨기에 맥주가 더 유명하다. 벨기에에는 주조 방식의 제한이 없어서 천 여 가지가 넘는 다양한 수제 맥주들이 주조 · 유통되고 하나의 문화로 인정받아 유네스코 인류무형문화유산으로 선정되기도 했다. 벨기에에서는 맥주 문화와 함께 다양한 맛과 향을 가진 현지 맥주를 동시에 즐길 수 있다.

★ 대표 도시

브뤼셀 Brussels

유럽 연합 본부가 위치한 브뤼셀은 유럽의 수도라고 불리기도 한다. 그랑플라스(Grand Place)를 중심으로 대부분의 관광 명소가 모여 있고 '세계 3대 허무 동상'이라고 불리는 오줌싸개 동상도 볼 수 있다. 로얄 광장에서 브뤼셀 시내를 한눈에 바라볼 수 있고 로얄 광장 언덕을 따라 올라가면 브뤼셀 왕궁으로 갈 수 있다. 최근 난민 문제로 인해 브뤼셀 시내의 치안은 안전하지 않은 편이기 때문에 밤늦게 혼자 인적이 드문 골목을 다니는 일이 없도록 주의해야 한다. 벨기에 내륙에 위치한 브뤼셀은 여름에 비가 많이 오고 25도 안팎의 더운 날씨가 지속되기 때문에 여름에 브뤼셀을 여행할 때는 휴대용 우산을 챙겨 가는 것이 좋다.

겐트 Ghent

알록달록한 블록으로 지은 것 같은 건물들이 옹기종기 운하를 따라 모여 있는 겐트는 브뤼셀에서 기차로 약 50분 정도 떨어진 곳에 위치한 작은 도시다. 운하를 따라 도시 중심가가 형성되어 있고 다양한 공예품 가게와 식당이 있고 특히 겐트에 있는 벨포트(종루)가 세계문화유산으로 지정되어 그 문화적 가치를 인정받아 관광객들이 늘어나고 있는 추세이긴 하지만, 비교적 타 도시에 비해 한적해서 여유롭게 둘러보기 좋다. 벨기에 여행 일정이 여유롭다면 당일치기로 겐트 여행을 다녀오기를 추천한다.

룩셈부르크

언어	화폐	전압	물가	대표 음식
룩셈부르크어, 프랑스, 독일어	유로	230V	비쌈	해산물 요리

베네룩스 3국 중 하나인 룩셈부르크는 나라 면적이 아주 작은 나라이고 대부분의 여행객들이 생략하는 곳이기도 하다. 이 나라는 작지만 경제 수준이 매우 높고 나라 전체가 매우 깨끗하고 안전하다. 뿐만 아니라 곳곳에 숨겨진 보석 같은 풍경과 멋스러운 건물들의 조화가 아름다운 곳이기도 하다. 룩셈부르크를 여행할 때는 '룩셈부르크 카드(Luxembourg Card)'를 구매하면 경제적이고 편리하게 여행할 수 있다. 룩셈부르크 카드에는 주요 관광지를 무료로 이용할 수 있는 입장료와 대중교통비 그리고 외곽 지역인 비안덴(Vianden)으로 가는 기차 요금까지 포함되어 있다. 룩셈부르크 카드는 한 명

만 이용할 수 있는 개인권과 그룹으로 이용 가능한 패밀리권이 있는데 여러 명이 함께 관광을 할 때는 패밀리권을 구매하면 더욱 경제적이다.

★ 대표 도시

룩셈부르크 시티 Luxembourg City

룩셈부르크의 수도인 룩셈부르크 시티는 도시 구조가 매우 특이한 곳이다. 전체적으로 고도가 높은 룩셈부르크의 지형적 특성상 절벽을 따라 강 주변 저지대에 주거지역이 형성되어 있다. 따라서 높은 고지대에서 도시 곳곳을 한눈에 볼 수 있는 곳이 많다. 대표적인 관광지로는 고딕 양식 건축물인 룩셈부르크 노트르담 성당과 높이가 무려 46m에 달하는 아돌프 다리가 있고 예쁜 카페와 식당이 즐비해 있는 아르메 광장에서 커피 한 잔의 여유도 놓치지 말아야 한다.

비안덴 Vianden

높은 산 정상에 세워진 비안덴 성이 도시를 지키고 있는 듯한 비안덴은 룩셈부르크의 작은 시골 마을이다. 룩셈부르크 시티 중앙역에서 에델부르크(Ettelbruck)까지 기차로 이동한 후에 버스로 갈아타야 한다. 에델부르크에서 비안덴으로 향하는 창밖 풍경은 그야말로 그림 같다. 비안덴 성까지는 예쁜 마을과 식당들이 들어서 있는 길을 도보로 올라갈 수 있고 리프트를 이용해서 비안덴 마을 풍경을 감상하며 올라갈 수도 있다. 비안덴 성 입장료는 룩셈부르크 카드에 포함되어 있다. 《레미제라블》을 집필

한 빅토르 위고가 사랑한 마을로 유명한 비안덴은 마을 곳곳이 아담하고 소박하지만 그 자체로 아름다움을 뿜어내는 곳이다.

아이슬란드

언어	화폐	전압	물가	대표 음식
아이슬란드어	아이슬란드 크로나	230V	비쌈	삭힌 상어 요리

물가, 숙박, 교통 모든 부분이 비싸지만 매년 겨울이면 아이슬란드를 찾는 관광객이 끊이질 않는 이유는 온통 흰색의 눈으로 뒤덮은 도시 하늘에 자욱이 내리는 오로라를 보기 위해서이다. 물가가 비싸고 대중교통이 발달하지 않은 아이슬란드를 여행할 때는 대부분 차량을 렌트해서 여행하는 것이 일반적이다. 따라서 워킹홀리데이 커뮤니티에 매년 겨울을 앞두고 아이슬란드 여행 동행자를 구해서 차량 렌트비와 숙박비를 아끼는 워홀러들이 많다. 또한 아이슬란드의 경우 날씨 때문에 잦은 비행기 결항과 도로 통제 등 돌발 상황이 발생할 수 있어 일정에 차질이 생길 수 있으므로 7~10일 정도로 여유 있게 코스를 짜는 것이 좋다. 영국에서 아이슬란드로 가는 교통편은 비행기가 유일하고 레이캬비크(Reykjavik)로 가는 비행편밖에 없기 때문에 티켓값이 연중 비싼 편이다. 특히 관광객이 몰리는 겨울 오로라 시즌에는 비행기 티켓값이 천정부지로 오르기 때문에 최소 6개월 전에는 예약해 두는 것이 좋다. 아이슬란드는 북극권에 위치해 있지만 난류의 영향을 받아 1월에도 영하 1도 내외의 비교적 온화한 기온을 보인다. 하지만 강한 바람 때문에 체감온도가 상당히 낮다. 본격적인 여름철인 7월에도

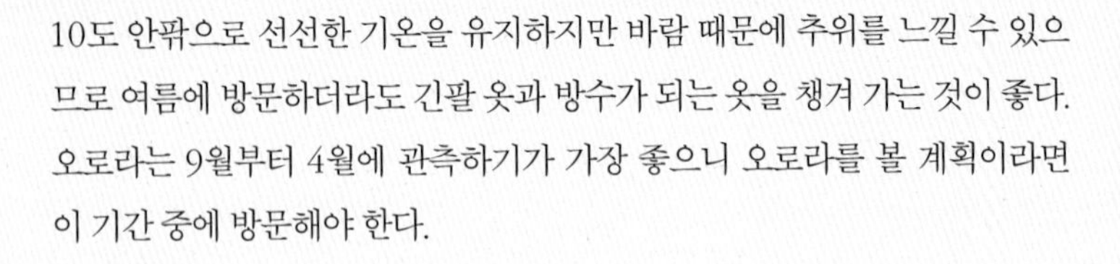

10도 안팎으로 선선한 기온을 유지하지만 바람 때문에 추위를 느낄 수 있으므로 여름에 방문하더라도 긴팔 옷과 방수가 되는 옷을 챙겨 가는 것이 좋다. 오로라는 9월부터 4월에 관측하기가 가장 좋으니 오로라를 볼 계획이라면 이 기간 중에 방문해야 한다.

★ 대표 도시

레이캬비크Reykjavík

아이슬란드의 수도로 아이슬란드 여행의 시작이며 끝인 곳이다. 아이슬란드의 수도답게 다양한 문화 시설과 상점들이 있기 때문에 여행 기간 동안 마실 물과 비상 식량을 이곳에서 미리 비축해 두는 것이 좋다. 레이캬비크에서 숙박할 예정이라면 아이슬란드의 지열과 해수가 만나 형성된 블루 라군(Blue Lagoon)에 들러 온천을 즐겨 보는 것도 좋겠다. 한편 레이캬비크에서는 '골든 서클' 투어를 빼놓지 말아야 하는데 유네스코 문화유산으로 지정된 싱벨리어 국립공원과 최대 30m까지 치솟는 간헐천인 게이시르(Geysir), 땅이 울릴 정도의 웅장한 세계 10대 폭포 중 하나인 굴포스(Gullfoss)를 묶어 '골든 서클'이라고 부르며 레이캬비크에서 멀지 않은 곳에 있기 때문에 꼭 들러 보아야 한다.

요쿨살론Jökulsárlón

아이슬란드에서 가장 큰 빙하 지대 바트나요쿨에서 녹아내린 빙하가 호수를 형성한 요쿨살론은 호수에 떠 있는 빙하를 볼 수 있는 곳이다. 특히 녹아내린 빙하가 파도에 휩쓸려 해안가까지 밀려와 덩그러니 해변에 놓여져 있는데 햇빛에 비친 빙하 조각이 다이아몬드처럼 투명하고 밝게 빛나는 모습이 아름다워 이 해변을 '다이아몬드 비치'라고 부르고 있다. 요쿨살론의 빙하

조각을 따라 다이아몬드 비치까지 걸으면서 빙하가 사라지는 모습을 감상하는 것은 오직 아이슬란드에서만 할 수 있는 이색적인 경험이다.

란드만나라우가르 Landmannalaugar

'인랜드' 또는 '하이랜드'라고 불리는 이곳은 얼음의 땅인 아이슬란드에서 사막을 경험할 수 있는 독특한 곳이다. 해안가를 따라 주거지가 형성된 아이슬란드의 지형적 특성과 내륙으로 들어가는 것을 금기시했던 아이슬란드인들의 문화 때문에 오랫동안 사람의 손길이 닿지 않아 자연 그대로 보존되어 있는 지구상의 유일무이한 곳이며 GPS로 찾을 수 없는 곳이다. 차량을 렌트하는 경우 란드마나라우가르에 간다고 하면 보험 적용이 안 되는 비포장 도로로 이어진 곳이며 화산 활동의 여파로 붉게 변한 지형에 초록색 이끼와 흰색의 눈이 만들어 내는 자연의 신비로움이 가득한 곳이다.

Chapter
04
/
유럽의 축제

네덜란드 튤립 축제 Tulip Festival

네덜란드의 수도 암스테르담 인근에 위치한 리세(Lisse)라는 작은 도시의 쾨켄호프(Keukenhof) 공원에서 열리는 꽃 축제로 산책로만 무려 15km에 달하고 800여 종의 튤립과 다양한 꽃들을 한데 모아 놓은 세계적인 축제다. 암스테르담 스키폴 공항에서 왕복 버스 티켓과 입장권이 포함된 통합권을 구매할 수 있고 또는 온라인 사전 예약을 할 수 있다. 스키폴 공항에서 축제 장소인 레시까지는 버스로 약 30분 정도 걸리고 네덜란드를 경유하는데 스탑 오버 시간이 길다면 반나절 정도 들러 보기 좋다. 튤립 축제는 매년 테마를 정해서 테마와 어울리는 특별 화훼 전시도 함께 진행하고 있으니 영국에 머무는 동안 꼭 가 봐야 할 축제이다.

- 시기: 3월 말~5월 중순(꽃 개화 시기에 따라 달라질 수 있음)
- 홈페이지: https://keukenhof.nl

스위스 몽트뢰 재즈 페스티벌 Montreux Jazz Festival

몽트뢰는 라만 호수를 끼고 자리 잡은 작은 마을이며 영국의 유명한 팝 가수

그룹 퀸(Queen)의 멤버였던 프레디 머큐리가 사랑한 마을로 잘 알려져 있고 그의 동상도 세워져 있다. 이것만으로도 마을이 얼마나 음악을 사랑하는지 짐작할 수 있고 재즈 페스티벌도 프레디 머큐리 동상을 시작으로 라만 호수를 따라 공연장이 형성되어 있다. 축제 기간 동안 다양한 유 · 무료 공연이 끊이질 않고 거리 곳곳에서 버스킹을 하는 사람들을 만날 수 있어 걷는 곳마다 음악이 이어지는 축제이다. 스위스 전통 음식도 판매하고 플리 마켓도 함께 운영되어 먹고 보는 즐거움도 가득하고, 관람객도 연주자로 참여할 수 있는 색다른 이벤트도 준비되어 있으니 진정 음악을 즐기고자 한다면 꼭 들러야 할 축제이다.

- 시기: 매년 6월 말~7월 중순(약 2주)
- 홈페이지: https://www.montreuxjazzfestival.com

프랑스 보르도 와인 축제 Bordeaux wine Festival

보르도 와인 축제는 프랑스 내에서도 향과 맛이 좋기로 유명한 와인 산지인 보르도에서 2년에 한 번씩 보르도 가론(Garonne) 강변에서 열리는 와인 축제다. 축제장에 입장할 때 별도의 입장료는 없지만 와인을 시음해 보려면 티켓을 구입해야 한다. 티켓은 현장 구매보다는 사전 예매를 하면 할인된 금액으로 살 수 있으며 티켓에는 대중교통 이용권과 10회가량의 와인 시음권이 포함되어 있다. 좋은 품질의 다양한 프랑스 와인을 산지에서 맛보는 색다른 경험을 원한다면 놓치지 말아야겠다.

- 시기: 2년에 한 번 6월 중순
- 홈페이지: https://bordeaux-wine-festival.com

스페인 산 페르민 축제 Fiesta de San Fermín

스페인 팜플로나(Pamplona) 지역에서 열리는 종교 축제로 팜플로나시의 수호 성인인 성 페르민(San Fermín)을 기리기 위해 시작된 축제로 무려 600여 년 동안 이어져 온 팜플로나의 전통 축제다. 이 축제가 단순히 종교 축제를 넘어서 세계적으로 유명해진 이유는 축제 기간 내내 매일 저녁 열리는 '투우' 경기 때문이다. 특히 이 축제의 백미는 '엔시에로(Encierro)'라고 불리는 '소몰이'다. 수백에서 수천 여 명의 참여자들이 빨간색 수건을 두르고 투우장으로 직접 소를 모는 세레머니로 직접 투우에 참여할 소를 몬다는 극도의 긴장감과 스릴 때문에 위험을 감수하고 매년 많은 관광객들이 참여하고 있다. 축제 마지막 날에는 시민들과 관광객들이 한데 모여 촛불을 밝히고 노래를 부르는 것으로 축제의 대미를 장식한다.

- 시기: 매년 7월 6일 정오~14일 자정까지
- 홈페이지: http://sanfermin.com/es/

스페인 토마토 축제 La Tomatina

발렌시아 부뇰(Buñol)에서 매년 8월 마지막 주 수요일에 열리는 축제로 흰 티셔츠를 입고 사람을 향해 토마토를 던지는 축제로 알려져 있다. 토마토 던지기는 11시부터 약 한 시간가량만 진행되고 종료 벨이 울리면 더 이상 토마토를 던질 수 없지만, 한 시간 동안은 동심으로 돌아가서 남녀노소 할 것 없이 어린아이처럼 빨간 토마토를 던지고 먹고 즐기는 축제이다. 바르셀로나, 발렌시아, 마드리드 등 스페인 각지에서 토마토 축제 투어 버스를 운행하기 때문에 비교적 편리하게 축제 장소에 찾아갈 수 있다.

- 시기: 매년 8월 마지막 주 수요일
- 홈페이지: http://latomatina.info/

벨기에 투모로우랜드 Tomorrowland 페스티벌

투모로우랜드 페스티벌은 벨기에 수도 브뤼셀에서 한 시간 가량 떨어진 작은 마을인 붐(Boom)에서 열리는 세계 최대 규모의 EDM 페스티벌이다. 브뤼셀 시내와 공항에서 투모로우랜드 페스티벌 장소로 연결하는 셔틀버스도 운행되고 붐 기차역에서 행사장까지 무료 셔틀버스도 운행된다. 매년 새로운 콘셉트로 테마파크처럼 꾸며진 행사장 내에는 EDM 공연 외에도 다양한 놀이 시설도 있어서 여름 휴양을 즐기기에 안성맞춤이다. 페스티벌 기간 동안 텐트에서 숙박할 수 있는 이지 텐트 존(Easy Tents Zone)이 운영되고 낮부터 새벽까지 공연이 끊이질 않으니 EDM 음악을 즐기고 싶다면 꼭 가 봐야 할 축제다.

- 시기: 매년 7월 말
- 홈페이지: www.tomorrowland.com

독일 옥토버페스트 Oktoberfest

독일 뮌헨(Munich)에 위치한 테레지엔비제(Theresienwiese)에서 열리는 세계적인 맥주 축제로 시중에 판매되지 않고 축제를 위해 특별히 주조된 특별한 맥주를 맛볼 수 있다. 옥토버페스트의 빼놓을 수 없는 백미는 바로 1L 용량의 대형 맥주잔에 마시는 맥주이니 애주가라면 놓칠 수 없는 축제다. 축제 기간 동안 맥주 회사들이 운영하는 크고 작은 맥주 텐트(Beer Tents)가 설치되어 각 텐트마다 맛볼 수 있는 맥주의 종류가 다르고, 대부분의 텐트 좌석은 사전 예약을 해야 하지만 야외 공용 테이블은 별도의 예약 없이 자유롭게 이용할 수 있다. 텐트 내 좌석 예약은 옥토버페스트 홈페이지에서 'Beer Tents'로 접속해서 원하는 텐트를 선택한 후 해당 텐트 공식 홈페이지에서 할 수 있다. 옥토버페스트는 다양한 맥주뿐만 아니라 놀이공원 시설 이용과 독일 전통 음악 공연도 관람할 수 있고 브라트부르스트(Bratwurst: 구운 소시지), 슈바인학세(Schweinshaxe: 돼지 족발을 부드럽게 익힌 것) 등 다양한 독일 전통 음식도 맛볼 수 있으니 놓치지 말아야 할 유럽의 대표적인 축제다.

- 시기: 9월 말~10월 초(약 2주)
- 홈페이지: https://www.oktoberfest.de/en/navitem/Beer+Tents/

귀국 준비

Chapter 01

/

집주인에게 노티스 하기

집 계약 노티스notice

계약 내용에 따라 다르지만 일반적으로 4주 전에는 이삿날을 집주인에게 알려 주어야 한다. 노티스 기간을 지키지 않는 경우 방세를 내야 할 수도 있으므로 노티스 기간을 잘 지켜서 불이익을 받는 일이 없도록 해야 한다. 노티스를 할 때는 귀국 일정을 확정한 후에 하는 것이 좋다. 다음 입주자의 이사 날짜 및 귀국일 변경 등 여러 이유로 집을 예상보다 빨리 나와야 하거나 더 머물러야 하는 경우가 생길 수 있기 때문이다. 최종적으로 방을 비울 때는 처음 입주했을 때 갖춰져 있던 시설을 원상 복구해 두어야 하고 생활하면서 망가뜨린 가구가 있다면 변상해야 한다. 집 관리인과 시설 확인(inventory check)을 마치고 이상이 없다면 열쇠를 넘겨주고 보증금을 환급받음으로써 집 계약이 종료된다. 집주인이 보증금 환급을 꺼리거나 시설 변상을 요구하는 경우 입주 전에 찍어 두었던 사진을 제출하고 합의 하에 해결하는 것이 가장 좋다. 하지만 집주인이 정당한 이유 없이 계속해서 보증금 환급을 거부한다면 관할 시청(council)에 도움을 요청할 수 있다.

자동이체 해지

거주했던 집의 공과금과 기타 세금이 본인 명의로 되어 있거나 자동이체가 설정되어 있다면 귀국 전에 반드시 해지 또는 명의 이전 신청을 해야 한다. 보통 방 한 칸을 서블렛(sublet)으로 얻어 생활하는 워홀러에게는 해당되는 경우가 드물지만 본인이 집을 전체 렌트했거나 거주하면서 세금을 따로 납부했던 경우라면 반드시 귀국 전에 해지 신청을 해야 한다. 한편 공과금의 경우 집을 떠나기 전까지 사용한 금액을 완납해야 해지가 되므로 사전에 노티스를 하고 귀국 일정에 맞춰 해지 신청을 하는 것이 좋다.

은행 계좌 해지

영국에 재입국할 예정이 있거나 파운드 계좌를 유지하고 싶다면 은행 계좌를 유지해도 된다. 하지만 명의 도용 및 계좌 유지비가 청구가 될 수 있고 장기간 미사용으로 인한 휴면 계좌 전환 등의 이유로 이용이 제한될 수도 있다. 뿐만 아니라 한국으로 귀국한 후에는 개인 정보 변경의 어려움 등 여러 가지 문제가 발생할 수 있으므로 귀국 전에 계좌를 해지하는 것이 좋다. 은행 계좌는 계좌와 연결되어 있는 체크카드, 신분증, 최근 영국 주소지를 증명할 수 있는 서류를 가지고 가까운 은행 지점에 방문해서 직접 해지하거나 은행 본사로 개인 정보와 계좌 해지를 요청하는 내용과 계좌 해지 신청자 본인의 서명이 되어 있는 편지와 함께 체크카드를 잘라서 우편으로 신청할 수도 있다.

휴대 전화 해지

영국 휴대 전화의 경우 별도의 통신사 등록 없이 심카드에 원하는 금액만큼 충전해서 사용(Pay-as-you-go)할 수 있기 때문에 충전을 하지 않으면 통화 요금이 부과되지 않으므로 별도의 해지 절차가 필요하지 않다. 하지만 휴대 전화 요금을 매월 자동 충전(auto top-up)하는 방식으로 사용했거나 통신사에서 요금제(monthly plan)를 선택하고 자동이체로 요금을 납부한 경우라면 최소 한 달 전에 계약 해지를 통보해야 한다. 일반적으로 계약 해지 노티스 기간은 4주지만 통신사별로 다를 수 있다. 귀국 전에 해지를 완료해서 불필요한 요금을 내는 일이 없도록 해야 한다. 한편 1년 이상 계약을 통해 요금을 할인받았거나 휴대 전화를 구입한 경우라면 중도 계약 해지 시 수수료와 할인 금액을 환급해야 할 수 있으니 계약 종료 기간을 확인하고 해지하는 것이 좋다. 약정 계약 기간이 많이 남아 수수료 금액이 큰 경우에는 타인에게 남은 계약 기간에 대해 별도의 수수료 없이 양도할 수 있다. 통신사 고객센터에 전화해서 명의 이전과 잔여 계약 기간을 양도할 수 있다.

Chapter
02

/

귀국 준비

짐 정리

영국에서 생활하는 동안 최소한의 짐으로 생활했다 할지라도 알게 모르게 늘어난 짐은 귀국할 때 골칫덩어리가 될 수 있다. 꼭 필요한 물품 외에 한국에서 재구입할 수 있는 물건이거나 사용하지 않는 물건은 중고 거래 장터를 이용해서 처분하는 것이 좋다. '영국 워킹홀리데이 페이스북 페이지'나 '영국사랑' 등 중고 거래 커뮤니티에서 의류, 신발, 생활용품, 가전제품, 중고차까지 중고 거래가 활발하게 이뤄지고 있다. 불필요한 짐은 귀국 전에 최대한 처분해서 짐도 줄이고 용돈도 버는 것이 현명하다.

짐 보관 서비스 이용

대부분의 워홀러들이 YMS 비자 종료 기간에 맞춰 영국을 떠나 한두 달 정도 유럽 여행을 한 뒤에 영국에 재입국해서 짐 정리와 휴대 전화, 은행 업무를 마무리하고 한국으로 귀국한다. 유럽을 여행하는 동안 영국 휴대 전화나 은행 계좌를 사용하는 것이 편리하기 때문이다. 다른 이유로는 그냥 영국을 떠나가는 게 아쉬워서일지도 모르는데 여하튼 이때 잠시 짐을 보관할 수 있는 짐 보관 전문 업체들이 있다. 캐리어나 규격 박스에 맞게 짐을 정리해서 원하는 기간만큼 짐을 보관할 수 있으므로 부피가 크거나 아직 처분하지 못한 물건들이 있다면 귀국 캐리어와 함께 맡겨 둘 수 있다. 학생 신분으로 영국에 머무는 학생들의 경우 보통 방학 기간에는 한국으로 잠시 귀국했다가 재입국하는 경우가 많은데 이때 재사용 예정인 가전제품이나 생활용품을 짐 보관 업체에 맡겨 두는 것이 현명하다.

귀국 짐 택배 보내기

짐이 많아서 별도의 수화물을 추가해야 하는 상황이거나 영국에서 한국으로 곧장 귀국하는 것이 아니라 여행을 계획 중이라면 택배 서비스를 이용해서 한국으로 짐을 부칠 수 있다. 수화물을 추가하는 것이 저렴할 수는 있으나 혼자서 공항까지 귀국짐을 한꺼번에 옮기는 게 쉽지 않기 때문에 택배 서비스를 이용하는 것이 편리하다. 한인 택배 서비스 업체 정보는 한인 커뮤니티에서 얻을 수 있고 비용도 비싸지 않은 편이어서 무거운 짐이나 캐리어에 담기 힘든 물건들을 택배로 보낼 수 있다. 일부 업체에서는 픽업 서비스도 이용할 수 있어서 매우 편리하다. 한편 귀국 짐을 택배로 발송할 때 전자제품이나 식품, 기타 별도의 통관이 필요한 물품이 포함되어 있는 경우에는 이삿짐으로 인정되지 않아서 통관료가 발생할 수 있으니 꼭 필요한 짐만 부치는 것이 좋다. 택배 서비스를 이용할 때는 택배 요금 외에 세관 통관료 같은 추가 요금이 발생하는지 여부를 확실하게 문의하는 것이 좋다.

귀국 항공권 구입

대부분의 워홀러들은 영국으로 입국 시 편도 항공권을 구입하기 때문에 귀국 항공권을 별도로 예약해야 한다. 일반적으로 직항 편도편 티켓의 경우 가격이 매우 비싸고 왕복 티켓과 금액 차이가 없거나 오히려 비싼 것이 일반적이다. 때문에 편도 항공권만 필요하다면 제3국을 경유해서 환승하는 티켓을 구매하면 비용을 절약할 수 있다. 영국에서 출발해서 경유지를 거쳐 한국으로 갈 때는 러시아, 두바이, 인도를 경유지로 하는 항공편이 가장 저렴한 편이다. YMS 비자가 종료된 후에 한국에 잠시 귀국했다가 영국으로 재입국할 예정이라면 영국 현지 여행사 업체를 통해 영국에서 출발하는 왕복 항공권을 구매하는 것이 경제적이다. 현지 여행 업체에서 한국행 직항 비행기 티켓을 프로모션 금액으로 제공하는 경우가 종종 있으니 항공권을 구입할 때 프로모션 정보를 확인해 보는 것이 좋다.

YMS 비자 종료 후 영국 재입국

많은 워홀러들이 영국 워킹홀리데이가 종료되는 일정에 맞춰 잠시 영국을 떠났다가 영국으로 재입국하여 6개월 관광 비자로 더 머물기를 희망하는 경우가 있다. 워킹홀리데이나 모든 비자는 정확한 비자 종료일이 명시되어 있기 때문에 비자 종료 전에 영국을 떠나야 하고 재입국할 때 비자가 없다면 영국으로 재입국할 때 입국 심사 과정에서 입국 거부를 당할 수 있다. 부득이하게 영국으로 재입국하는 경우라면 입국 심사관에게 짐 정리 또는 은행 계좌 정리 등의 재입국 사유를 명확하게 설명하고 한국으로 출국하는 비행기 티켓을 소지하고 있는 것이 좋다.

Chapter 03 / 세금 환급

HMRC 온라인 서비스 가입하기

기존에는 서류와 세금 환급 신청서를 작성해서 우편으로 발송해야 했지만 최근에는 영국의 세금 관리 기관인 HMRC 홈페이지에서 세금 환급을 신청할 수 있게 되었다. HMRC 홈페이지에서 개인 정보를 입력한 후에 아이디를 부여받고 3단계에 걸쳐 개인 정보 인증을 하면 가입이 완료된다. 첫 번째 단계에서는 영국 휴대 전화(한국 휴대 전화 번호로도 인증할 수 있고 국가 번호를 포함해서 정확한 휴대 전화 번호를 입력해야 함)로 받은 인증 번호를 입력함으로써 인증할 수 있다. 두 번째 인증 단계에서는 개인 정보와, 생년월일을 비롯해서 급여 명세서(pay slip) 또는 P60(회계연도를 기준으로 한 해 동안 납부한 세금액을 증명하는 서류로 매해 회계연도가 종료되면 고용주로부터 발급받을 수 있음) 서류에 기재되어 있는 정보(세금액, 서류 발급일 등 HMRC에서 요구하는 정보)를 토대로 인증을 완료하고 최종적으로 이메일로 발송된 가입 인증 절차를 마치면 서비스를 이용할 수 있다.

세금 환급 온라인 신청하기

① HMRC 홈페이지에서 Income Tax forms 검색

● 홈페이지: https://www.gov.uk/government/collections/income-tax-forms

② 'Leaving the UK' 메뉴에서 Get your Income Tax right if you're leaving the UK 클릭

③ 'Claim online' 선택 후 HMRC 계정으로 로그인

★ 우편으로 신청하고 싶다면 이 단계에서 Claim by post를 선택하고, 세금 환급 신청서(P85)를 작성한 후에 서류를 동봉해서 발송하면 된다.

④ P45(직장을 옮기거나 그만둘 때 회사에서 받게 되는 서류로 수령한 누적 급여 명세와 납부한 세금액이 표시됨)와 급여 명세서 또는 P60에 명시된 내용을 토대로 세금 환급 신청서(P85) 작성

⑤ 세금 환급 신청 완료 후 이메일로 최종 신청 확인서 수령

⑥ 최종 신청일을 기준으로 약 35일 뒤에 본인 이름으로 발행된 수표(cheque)로 환급

★ 수표에 명시된 이름이 다를 경우 돈을 받지 못할 수 있으니 영문 철자를 틀리는 일이 없도록 해야 한다. 예전에는 영국 은행 계좌로 세금이 환급됐지만 더 이상 계좌로 환급되지 않고 체크로만 환급받을 수 있다.

★ 부록 2) '세금 환급 신청서(P85) 작성 따라 하기' 참조

한국에서 세금 환급 신청하기

세금 환급은 비자 종료 전에 신청할 수도 있고 한국으로 귀국한 후에도 할 수 있다. 다만 한국에서 영국 정부 사이트를 이용할 때 에러가 발생할 수 있고 접속이 어려울 수 있으니 되도록이면 영국에서 마무리하는 것을 추천한다. 한국에 있다고 해서 절차가 다른 것은 아니고 온라인 세금 환급 신청 서비스를 통해 신청하면 된다. 휴대 전화 인증을 할 때 영국 심카드를 가지고 있다면 영국 번호로 인증 번호를 받을 수 있으니 가능하다면 귀국할 때 영국 휴대 전화 심카드를 가져오는 것이 좋다. 하지만 국가 번호를 포함한 한

HM Revenue
& Customs

P45 Part 1A
Details of employee leaving work
Copy for employee

1 Employer PAYE reference
Office number / Reference number
120 / BA7000000

2 Employee's National Insurance number
ST 40 22 71 D

3 Title - enter MR, MRS, MISS, MS or other title
Miss

Surname or family name
Hong

First name(s)
Gildong

4 Leaving date DD MM YYYY
01 08 2017

5 Student Loan deductions
Student Loan deductions to continue

6 Tax code at leaving date
1185L

If week 1 or month 1 applies, enter 'X' in the box below.

Week 1/month 1

7 Last entries on the Payroll record/Deductions Working Sheet. Complete only if tax code is cumulative. If there is an 'X' at box 6 there will be no entries here.

Week number Month number 4

Total pay to date
£ 5333.32

Total tax to date
£ 299.20

8 This employment pay and tax. If no entry here, the amounts are those shown at box 7.

Total pay in this employment
£ .

Total tax in this employment
£ .

9 Works number/Payroll number and Department or branch (if any)

10 Gender. Enter 'X' in the appropriate box
Male Female X

11 Date of birth DD MM YYYY
15 06 1999

12 Employee's private address
1
Meadowview
London

Postcode
SW00 0AN

13 I certify that the details entered in items 1 to 11 on this form are correct.
Employer name and address
(UK) Ltd
Unit 3
Greater London

Postcode
CR0 4TQ

Date DD MM YYYY
01 08 2017

To the employee
The P45 is in 3 parts. Please keep this part (Part 1A) safe. Copies are not available. You might need the information in Part 1A to fill in a tax return if you are sent one.

Please read the notes in Part 2 that accompany Part 1A. The notes give some important information about what you should do next with Parts 2 and 3 of this form.

Tax credits and Universal Credit
Tax credits and Universal Credit are flexible. They adapt to changes in your life, such as leaving a job. If you need to let us know about a change in your income, phone **0345 300 3900**.

To the new employer
If your new employee gives you this Part 1A, please return it to them. Check the information on Parts 2 and 3 of this form is correct and transfer the information onto the Payroll record/Deductions Working Sheet.

P45(Manual) Part 1A HMRC 12/15

국 휴대 전화 번호로도 인증 번호를 받을 수 있으니 걱정하지 않아도 된다. 만약 귀국하는 과정에서 P45 서류를 분실했다면 전 직장에 요청해서 이메일로 받을 수 있고, P45 서류를 소지하고 있지 않은 이유를 상세하게 작성한 뒤에 심사를 통해 세금을 환급받을 수 있다. 세금액 환급은 보통 신청서 접

수 후 35일 이내에 수표로 환급이 완료된다.

세금 환급액 계산

영국의 회계연도(매년 4월 6일부터 다음 연도 4월 5일까지) 중간에 영국을 떠나는 경우 추가적으로 납부한 세금에 대해서만 환급해 주기 때문에 매주 또는 매달 월급을 수령할 때 제공받는 급여 명세서에 명시되는 세금액이 전액 환불되는 것이 아니다. 왜냐하면 본인이 벌게 될 1년치 연봉을 기준으로 세금액이 책정되고 회계연도 중간에 귀국하는 경우는 연봉을 다 벌지 않았기 때문에 납부해야 하는 세금이 적거나 면제될 수 있기 때문에 그 차액분에 대해서만 환급해 주는 것이다. 더불어 일반 소득세(income tax) 외에 별도로 청구되는 NISc(건강보험료)는 환급제외 금액으로 세금 환급액에서 제외된다.

세금 환급 신청 시 주의 사항

세금 환급은 향후 몇 년간 영국으로 재입국할 계획이 없는 사람을 대상으로 환급해 주는 것이기 때문에 다른 비자로 영국에 재입국할 예정이라면 세금 환급을 신청할 수 없다. 또한 소득 대비 납부한 세금이 매우 적거나 없는 경우 환급 대상자가 아니기 때문에 모두가 세금을 환급받을 수 있는 것은 아니다. 한국으로 귀국 전에 영국 또는 유럽에서 구매한 물품에 대해서는 소득세 환급과는 별개로 세금 환급을 받을 수 있다. 구매 물품에 대한 세금 환급을 신청할 때는 최종 출국 EU 국가에서 신청할 수 있고 구매처에서 세금 환급 서류를 구비해야 한다.

Chapter

04

/

영국에 눌러살기

워크 퍼밋Work Permit 비자

영국에서 합법적으로 일하려면 반드시 적합한 비자를 소지하고 있어야 한다. 워홀러와 일반인이 영국에서 합법적으로 일하고 영주권을 취득하기 위해서 가장 좋은 방법은 회사로부터 워크 퍼밋(Work Permit)을 지원받는 것이다. 일반적으로 회사에서는 일정 기간 이상 근무한 사람을 평가해서 워크 퍼밋 비자 지원 여부를 결정한다. 취업 비자는 워킹홀리데이 기간 동안 근무했던 회사에서 지원받는 경우가 대부분이고 비자 만료 시점에 비자를 지원해 주는 새로운 직장을 찾는 것은 매우 어렵다. 왜냐하면 매년 워홀러들이 들어오기 때문에 대체 인력을 구하기가 어렵지 않을 뿐더러 워크 퍼밋 비자를 지원해 주려면 회사에서 부담해야 하는 비용이 만만치 않기 때문이다. 따라서 워홀 비자 종료 후에도 영국에 눌러살고 싶다면 최소 1년 전에는 취업 비자 지원을 해 줄 수 있는 회사로 이직하여 회사에 필요한 사람이라는 것을 증명하는 과정이 필요하다.

워크 퍼밋 비자는 Tier 2 그룹에 속하는 비자로 영국에서 합법적으로 일할 수 있고 3년 또는 5년간 거주할 수 있는 비자이다. 3년 워크 퍼밋 비자의 경우 비자가 종료되기 전에 취업 비자를 연장할 수 있는데 이때도 최장 3년의 비자를 발급받을 수 있고, 워크 퍼밋 비자로 5년 이상 영국에 거주한 자는 영주권을 신청할 수 있는 자격이 주어진다. 워크 퍼밋 비자 소지자가 영주권을 신청할 때는 회사로부터 영주권 신청 기준 연봉을 받아야 하고, 5년의 거주 기간 동안 6개월 이상 영국을 떠나 있지 않아야 하는 등 신청 조건에 부합해야 하니 영주권을 생각하고 있다면 영주권 신청 절차에 대해 사전에 변호사와 상담하거나 영국 이민성 사이트에 명시된 조건들을 숙지하고 있어야 한다. 한편 워크 퍼밋 비자를 준비할 때 회사에서 최소 한 달 이상 구인 광고를 올리고 지원자에 대해 면접을 해야 하고, 비자 지원자의 영어 성적표와 재정증명서 제출, 보험금 납부 등의 과정이 필요하니 워크 퍼밋을 진행할 때 본인 부담금과 제출 서류들은 스스로 준비해야 하므로 비자 종료일과 비용이 발생하는 부분들을 꼼꼼하게 체크해야 한다.

학생 비자 General Student Visa & 졸업생 창업 비자 Graduate Entrepreneur Visa

워킹홀리데이 기간이 끝난 후에 조금 더 영국을 경험하고 싶다면 학생 비자를 신청해서 돌아올 수 있다. 어학원이나 정규 대학에 지원해서 학생 비자를 발급받아 영국에 재입국할 수 있고 이미 한국에서 대학교 과정을 졸업했다면 석사나 박사 과정을 수료할 수 있다. 영국 정규 대학 과정을 졸업하고 나면 졸업생을 대상으로 창업 비자를 지원해 주는 정책을 통해 영국에서 창업할 수 있다. 대학에서 지원해 주는 Tier 1 그룹에 속하는 졸업생 창업 비자(Graduate Entrepreneur Visa)도 한 번에 최장 3년간 거주할 수 있는 비자가 발급되고 비자 종료 후에는 1회에 한해 최장 3년까지 연장할 수 있다. 뿐만 아니라 이 창업 비자로 영국에서 5년을 거주하고 기준 조건을 충족했을 경우에는 영주권 신청도 할 수 있기 때문에 영국에서 학교를 졸업한 사람이라면 신청해 볼 만한 비자다. 하지만 창업 비자의 경우 비자를 지원해 줄 수 있는 대학이 한정되어 있고 지원해 주는 인원이 현저히 적어서 선정될 가능성이 매우 희박하다. 따라서 학교에 지원하기 전에 학교 내에 창업 관련 부서나 비자 관련 행정 부서에 문의해서 졸업생 창업 비자 지원을 해 줄 수 있는 자격이 있는지, 그리고 학교에서 특별히 선정하는 자격 요건이 있는지를 확인해서 자격 요건을 갖추는 것이 중요하다.

투자 사업가 비자 Investment funds: Tier 1 Entrepreneur Visa

일반인이 영국으로 투자 이민을 신청하는 경우 예치해야 하는 금액은 £20만(약 3억)가량 되는 금액이며 신청 비용도 비싸다. 이민 심사 기준도 까다롭지 않고 가족들 모두 영국에서 거주하면서 취업도 할 수 있기 때문에 영주권을 따서 영국에 눌러앉기 가장 편한 방법이지만, 금액 기준이 상당히 높아서 현실적으로 일반 투자 비자를 신청하기는 힘들다.

하지만 영국에서 워킹홀리데이 기간 동안 본인 명의로 된 사업을 운영하면서 £5만(약 7천5백만 원)를 투자했다면 투자 비자를 신청할 수 있다. £5만 비자의 경우, 신청 조건이 매우 까다롭고 신청 자격이 상시 변경될 수 있으므로 신청 전에 반드시 정확한 공지를 확인해야 한다. 비자를 신청하기 최소 12개월 전부터 이 금액을 투자해야 하고 졸업생 창업 비자와 같은 Tier 1 그룹에 속하며 최초 비자 발급 시 3년간 거주할 수 있고 가족도 데려올 수 있다. 또한 3년 후에 비자를 연장할 수 있으며 이 비자로 5년간 영국에 거주했고 신청 요건을 갖춘다면 영주권도 신청할 수 있다. 워킹홀리데이를 하면서 영국에서 사업을 확장할 계획이 있다면 워킹홀리데이를 잘 이용해서 투자 비자 신청 기준 금액을 낮추는 것도 영국에 눌러앉는 하나의 방법이 될 수 있다.

배우자 또는 파트너 비자 Spouse or Partner Visa

영국에 눌러살 수 있는 마지막 방법은 결혼이다. 영국인, 영주권자 또는 워크 퍼밋 비자를 소지한 사람과 결혼하여 배우자 비자를 신청할 수 있다. 영주권자 또는 비자 소지자의 재정 능력을 증명하고 결혼 사실 증명을 통해 비자를 신청할 수 있고 비자 신청자의 영어 능력도 증명(영국 내 정규 대학 과정 졸업자는 면제 가능)해야 한다. 한편 결혼은 하지 않았지만 사실혼 관계를 증명할 수 있는 관계의 경우 동거인(Partner Visa) 비자를 신청할 수 있는데 최소 2년 동안 동거한 사실을 증명할 수 있는 서류를 추가로 제출해야 한다. 2년의 기간이 꽉 찬 서류로 증명해야 하고 2년 동안 비자 신청자가 영국에서 합법적으로 거주했을 경우에만 신청할 수 있다. 사실혼 관계는 일반적으로 신청자 본인과 상대방의 이름으로 납부한 전기 요금, 수도 요금 등 세금을 납부한 서류로 증명할 수 있다. 파트너 비자로 거주하는 자에 대해 영국의 해당 관청에서 수시로 사실혼 관계를 확인하는데 파혼 사실이 확인되거나 부정하게 비자를 취득한 사실이 확인되면 비자가 취소될 수 있다. 배우자 비자를 취득할 경우 영국에서 합법적인 노동과 학업 및 생활의 제한 없이 영주권자 또는 비자 소지자와 동등한 권리를 갖게 된다.

MOULIN
LA MACHINE
DU MOULIN ROUGE
CONCERTS
BROCANTE
RUE
CAULAINCOURT
DIMANCHE 16
OCT

부록

부록
01

YMS 온라인 비자 신청서 작성 따라 하기

1단계 **계정 생성**

❶ https://www.visa4uk.fco.gov.uk 접속

❷ 'Register an Account' 클릭

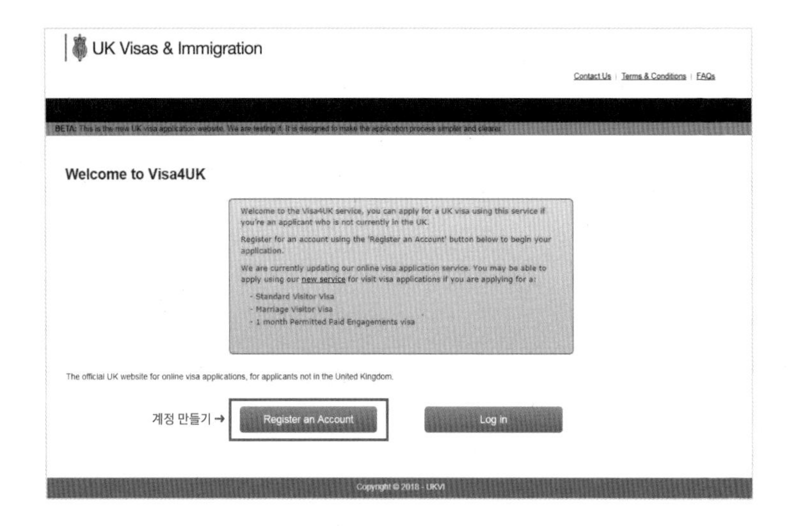

❸ 신상 정보 입력

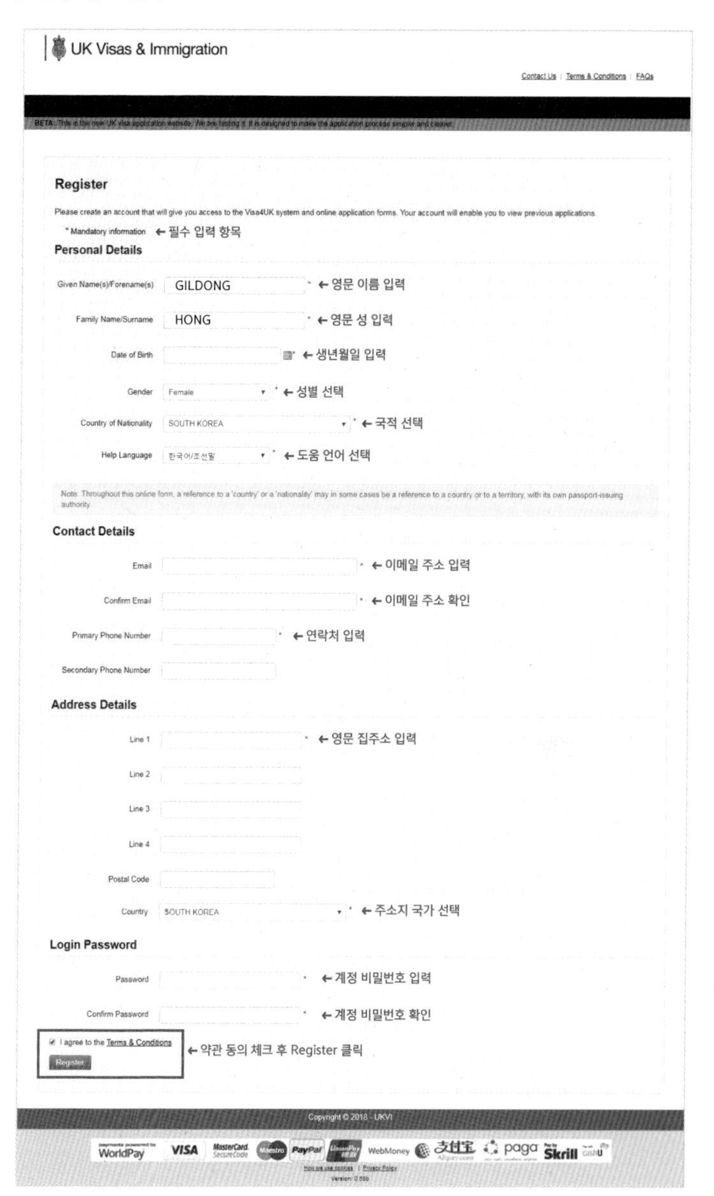

UK Visas & Immigration
Contact Us | Terms & Conditions | FAQs
Register
Please create an account that will give you access to the Visa4UK system and online application forms. Your account will enable you to view previous applications.
* Mandatory information
← 필수 입력 항목
Personal Details
Given Name(s)/Forename(s)
GILDONG
← 영문 이름 입력
Family Name/Surname
HONG
← 영문 성 입력
Date of Birth
← 생년월일 입력
Gender
Female
← 성별 선택
Country of Nationality
SOUTH KOREA
← 국적 선택
Help Language
한국어/조선말
← 도움 언어 선택
Note: Throughout this online form, a reference to a 'country' or a 'nationality' may in some cases be a reference to a country or to a territory, with its own passport-issuing authority
Contact Details
Email
← 이메일 주소 입력
Confirm Email
← 이메일 주소 확인
Primary Phone Number
← 연락처 입력
Secondary Phone Number
Address Details
Line 1
← 영문 집주소 입력
Line 2
Line 3
Line 4
Postal Code
Country
SOUTH KOREA
← 주소지 국가 선택
Login Password
Password
← 계정 비밀번호 입력
Confirm Password
← 계정 비밀번호 확인
I agree to the Terms & Conditions
Register
← 약관 동의 체크 후 Register 클릭
Copyright © 2018 - UKVI
WorldPay
VISA
MasterCard SecureCode
PayPal
WebMoney
paga
Skrill

❹ 계정 생성 완료

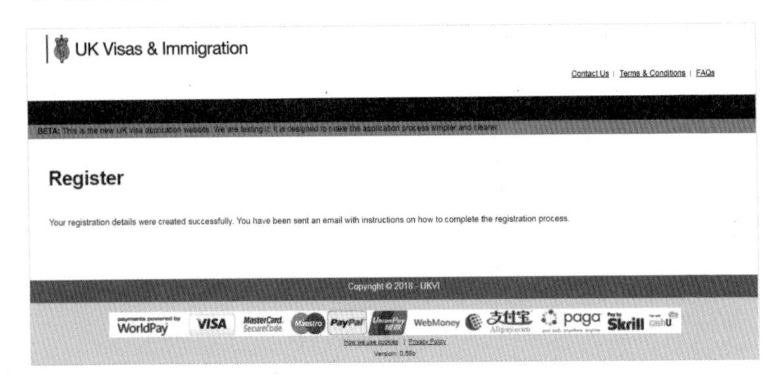

❺ 등록한 이메일로 등록 확인 메일 수신 및 계정 활성화 링크 클릭하기

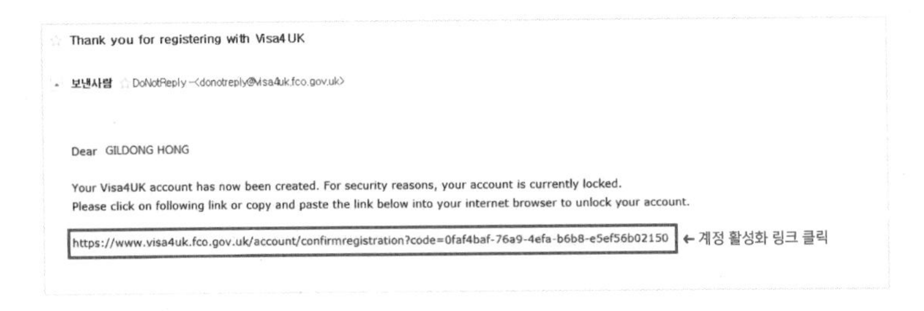

❻ 로그인

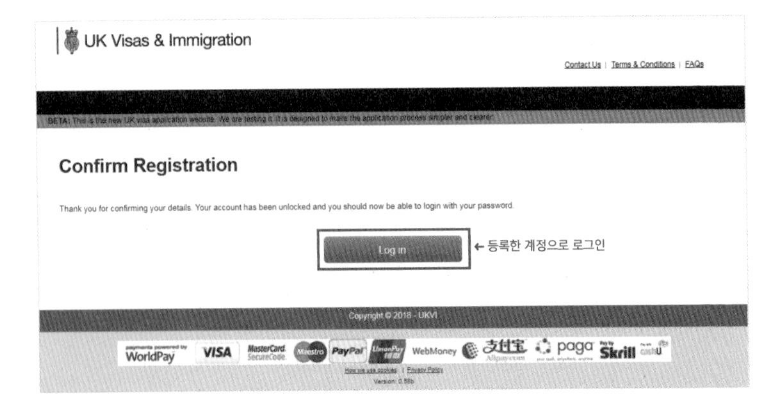

❼ 로그인 정보 입력

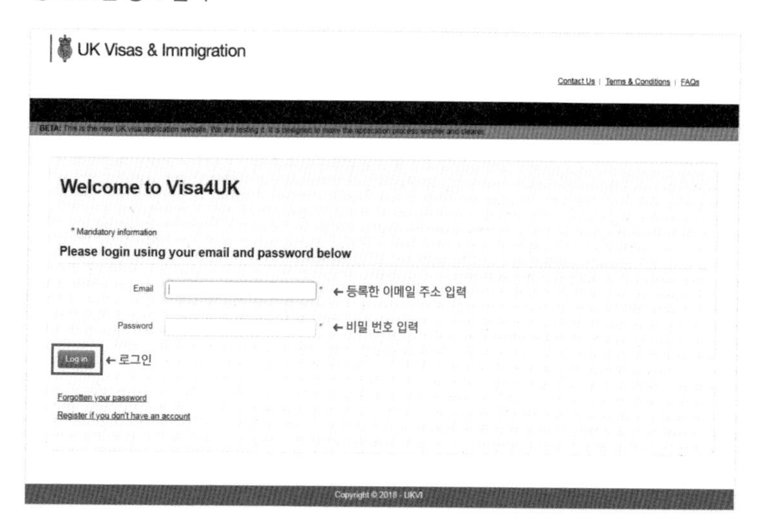

2단계 비자 신청 생성하기

❶ 'Apply for Myself' 클릭

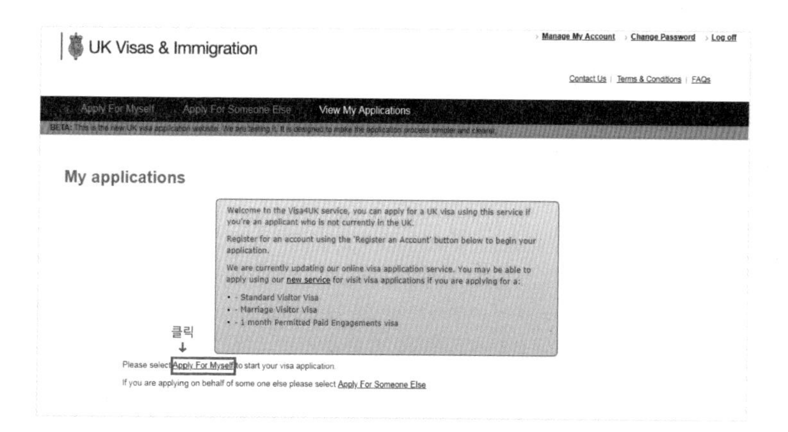

❷ 주의 사항 확인 후 'Continue' 클릭

› Manage My Account › Change Password › Log off

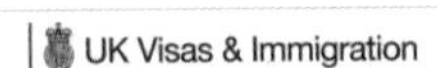

Contact Us | Terms & Conditions | FAQs

Apply For Myself   Apply For Someone Else   View My Applications

BETA: This is the new UK visa application website. We are testing it. It is designed to make the application process simpler and clearer.

Important Information

Supporting Documents

Please click on the link below to help you decide which documents will be useful in supporting your visa application.

Check guidance for your visa type for information about the supporting documents you'll need

False documents

It is better to explain why you do not have a document than to submit a false document with an application. Your application may be refused and you may be banned from travelling to the UK for 10 years if you use a false document, lie or withhold relevant information. You may also be banned if you have breached immigration laws in the UK. Travellers to the UK who produce a false travel document or passport to the UK immigration authorities for themselves and/or their children are committing an offence. If you are found guilty of this offence, you face up to two years in prison or a fine (or both).

FAQ's

Please click on the link below for help with common problems

FAQs

General Visa Information and Guidance

Please click on the link below for help in selecting the correct visa

UK Visas and Immigration website

Continue ← 클릭

❸ 신상 정보 입력 후 'Create Application' 클릭

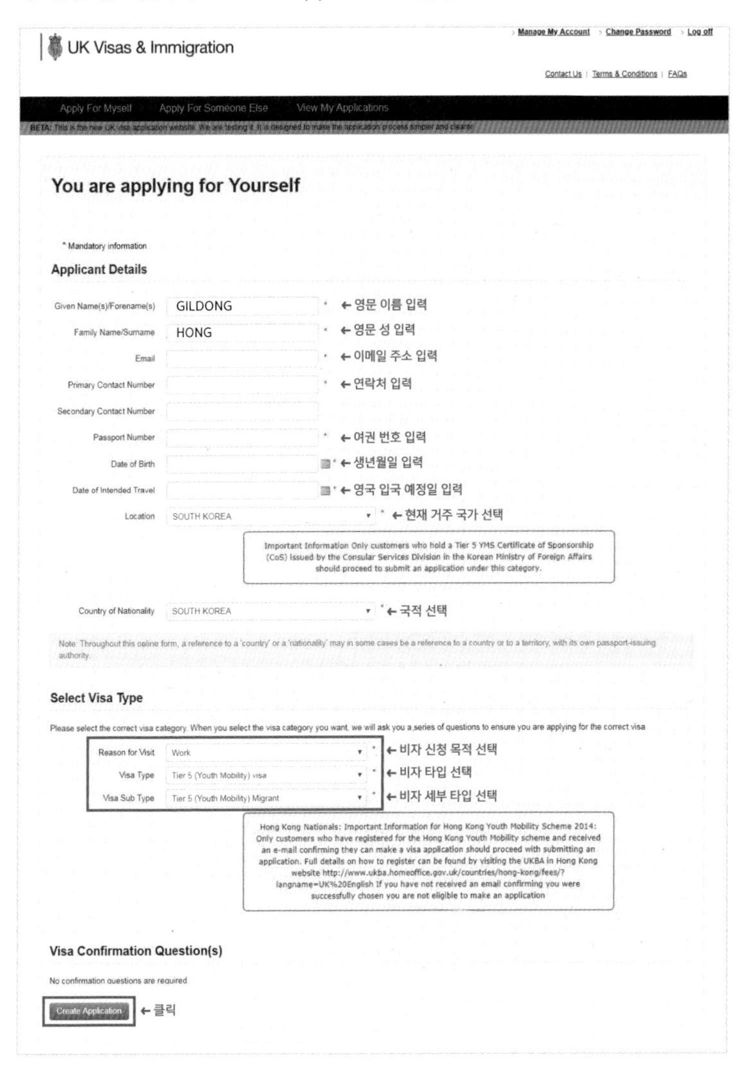
Manage My Account
Change Password
Log off
UK Visas & Immigration
Contact Us | Terms & Conditions | FAQs
Apply For Myself
Apply For Someone Else
View My Applications
You are applying for Yourself
* Mandatory information
Applicant Details
Given Name(s)/Forename(s)
GILDONG
← 영문 이름 입력
Family Name/Surname
HONG
← 영문 성 입력
Email
← 이메일 주소 입력
Primary Contact Number
← 연락처 입력
Secondary Contact Number
Passport Number
← 여권 번호 입력
Date of Birth
← 생년월일 입력
Date of Intended Travel
← 영국 입국 예정일 입력
Location
SOUTH KOREA
← 현재 거주 국가 선택
Important Information Only customers who hold a Tier 5 YMS Certificate of Sponsorship (CoS) issued by the Consular Services Division in the Korean Ministry of Foreign Affairs should proceed to submit an application under this category.
Country of Nationality
SOUTH KOREA
← 국적 선택
Note: Throughout this online form, a reference to a 'country' or a 'nationality' may in some cases be a reference to a country or to a territory, with its own passport-issuing authority.
Select Visa Type
Please select the correct visa category. When you select the visa category you want, we will ask you a series of questions to ensure you are applying for the correct visa
Reason for Visit
Work
← 비자 신청 목적 선택
Visa Type
Tier 5 (Youth Mobility) visa
← 비자 타입 선택
Visa Sub Type
Tier 5 (Youth Mobility) Migrant
← 비자 세부 타입 선택
Hong Kong Nationals: Important Information for Hong Kong Youth Mobility Scheme 2014: Only customers who have registered for the Hong Kong Youth Mobility scheme and received an e-mail confirming they can make a visa application should proceed with submitting an application. Full details on how to register can be found by visiting the UKBA in Hong Kong website http://www.ukba.homeoffice.gov.uk/countries/hong-kong/fees/?langname=UK%20English If you have not received an email confirming you were successfully chosen you are not eligible to make an application
Visa Confirmation Question(s)
No confirmation questions are required
Create Application
← 클릭

3단계 비자 신청서 작성하기

❶ 'Go To Application' 클릭

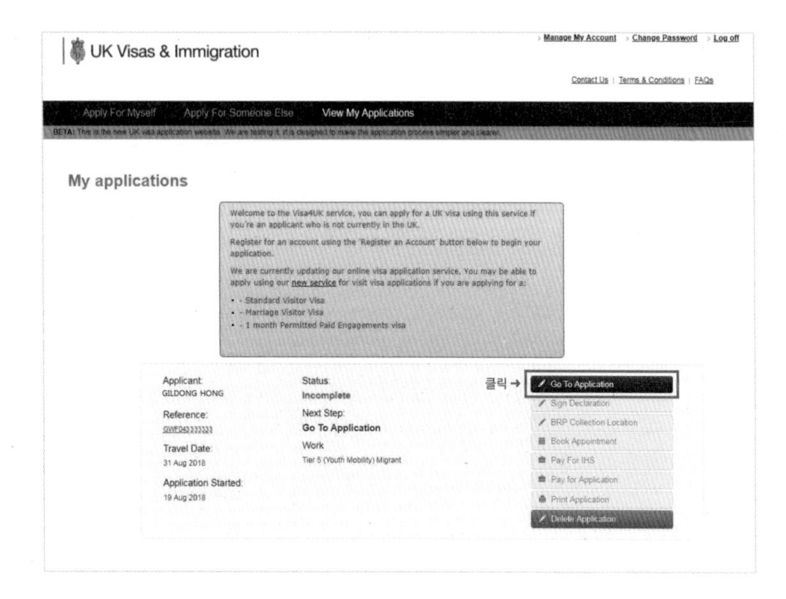

❷ 세부 정보 입력하기 – 여권 및 여행 서류 정보

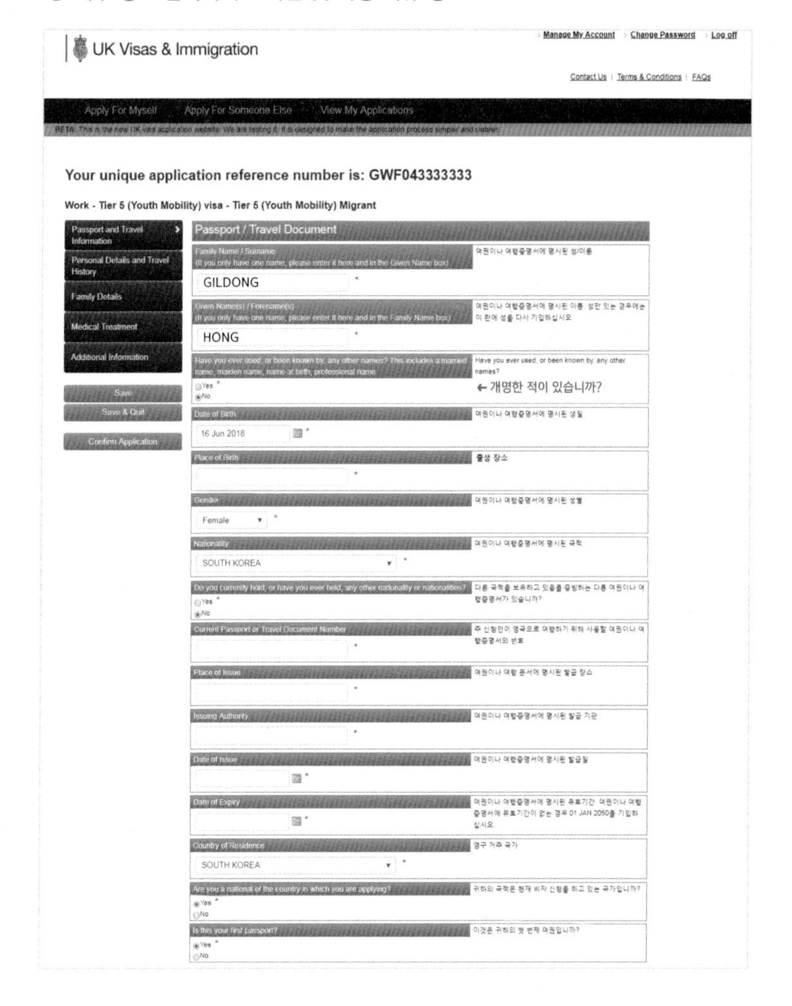

UK Visas & Immigration

Manage My Account | Change Password | Log off

Contact Us | Terms & Conditions | FAQs

Apply For Myself | Apply For Someone Else | View My Applications

BETA: This is the new UK visa application website. We are testing it. It is designed to make the application process simpler and clearer.

Your unique application reference number is: GWF043333333

Work - Tier 5 (Youth Mobility) visa - Tier 5 (Youth Mobility) Migrant

- Passport and Travel Information
- Personal Details and Travel History
- Family Details
- Medical Treatment
- Additional Information

Save | Save & Quit | Confirm Application

Passport / Travel Document

Family Name / Surname
(If you only have one name, please enter it here and in the Given Name box)
GILDONG *
여권이나 여행증명서에 명시된 성/이름

Given Name(s) / Forename(s)
(If you only have one name, please enter it here and in the Family Name box)
HONG *
여권이나 여행증명서에 명시된 이름. 성만 있는 경우에는 이 란에 성을 다시 기입하십시오.

Have you ever used, or been known by, any other names? This includes a married name, maiden name, name at birth, professional name
○Yes * ◉No
Have you ever used, or been known by, any other names?
← 개명한 적이 있습니까?

Date of Birth
16 Jun 2018 *
여권이나 여행증명서에 명시된 생일

Place of Birth
*
출생 장소

Gender
Female *
여권이나 여행증명서에 명시된 성별

Nationality
SOUTH KOREA *
여권이나 여행증명서에 명시된 국적

Do you currently hold, or have you ever held, any other nationality or nationalities?
○Yes * ◉No
다른 국적을 보유하고 있음을 증빙하는 다른 여권이나 여행증명서가 있습니까?

Current Passport or Travel Document Number
*
주 신청인이 영국으로 여행하기 위해 사용할 여권이나 여행증명서의 번호

Place of Issue
*
여권이나 여행 문서에 명시된 발급 장소

Issuing Authority
*
여권이나 여행증명서에 명시된 발급 기관

Date of Issue
*
여권이나 여행증명서에 명시된 발급일

Date of Expiry
*
여권이나 여행증명서에 명시된 유효기간. 여권이나 여행증명서에 유효기간이 없는 경우 01 JAN 2050를 기입하십시오.

Country of Residence
SOUTH KOREA *
영구 거주 국가

Are you a national of the country in which you are applying?
◉Yes * ○No
귀하의 국적은 현재 비자 신청을 하고 있는 국가입니까?

Is this your first passport?
◉Yes * ○No
이것은 귀하의 첫 번째 여권입니까?

❸ 세부 정보 입력하기 - 영국 여행 정보

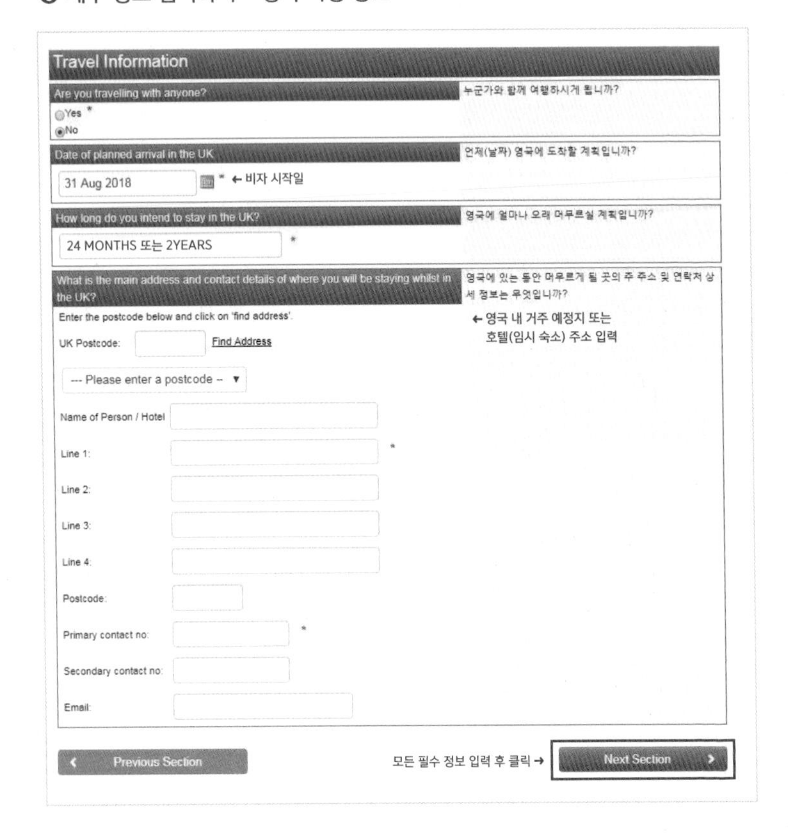

Travel Information
Are you travelling with anyone?
누군가와 함께 여행하시게 됩니까?
Yes *
No
Date of planned arrival in the UK
언제(날짜) 영국에 도착할 계획입니까?
31 Aug 2018
← 비자 시작일
How long do you intend to stay in the UK?
영국에 얼마나 오래 머무르실 계획입니까?
24 MONTHS 또는 2YEARS
What is the main address and contact details of where you will be staying whilst in the UK?
영국에 있는 동안 머무르게 될 곳의 주 주소 및 연락처 상세 정보는 무엇입니까?
Enter the postcode below and click on 'find address'.
← 영국 내 거주 예정지 또는 호텔(임시 숙소) 주소 입력
UK Postcode:
Find Address
--- Please enter a postcode --
Name of Person / Hotel
Line 1:
Line 2:
Line 3:
Line 4:
Postcode:
Primary contact no:
Secondary contact no:
Email:
Previous Section
모든 필수 정보 입력 후 클릭 →
Next Section

❹ 세부 정보 입력하기 – 개인 신상 정보

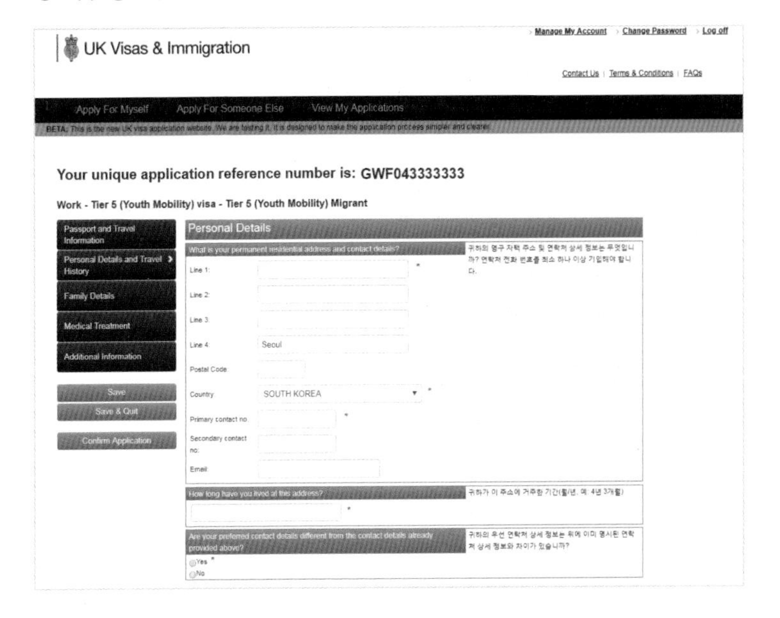
Manage My Account
Change Password
Log off
UK Visas & Immigration
Contact Us
Terms & Conditions
FAQs
Apply For Myself
Apply For Someone Else
View My Applications
Your unique application reference number is: GWF043333333
Work - Tier 5 (Youth Mobility) visa - Tier 5 (Youth Mobility) Migrant
Passport and Travel Information
Personal Details and Travel History
Family Details
Medical Treatment
Additional Information
Save
Save & Quit
Confirm Application
Personal Details
What is your permanent residential address and contact details?
귀하의 영구 자택 주소 및 연락처 상세 정보는 무엇입니까? 연락처 전화 번호를 최소 하나 이상 기입해야 합니다.
Line 1:
Line 2:
Line 3:
Line 4:
Seoul
Postal Code
Country
SOUTH KOREA
Primary contact no.
Secondary contact no:
Email
How long have you lived at this address?
귀하가 이 주소에 거주한 기간(월/년. 예: 4년 3개월)
Are your preferred contact details different from the contact details already provided above?
귀하의 우선 연락처 상세 정보는 위에 이미 명시된 연락처 상세 정보와 차이가 있습니까?
Yes
No

❺ 세부 정보 입력하기 - 여행 및 범죄 정보

Travel and Criminal History

Have you been issued any visa for the UK, UK Overseas Territories or Commonwealth Country in the last 10 years? ◯Yes * ◯No	귀하는 지난 10년 중에 영국, 영국의 해외 영토 또는 영국 연방의 비자를 발급받은 적이 있습니까?
Have you ever travelled to the UK in the last 10 years? ◯Yes * ◯No	귀하는 지난 10년 중에 영국, 영국의 해외 영토 또는 영국 연방으로 여행한 적이 있습니까?
Have you made an application to the Home Office to remain in the UK in the last 10 years? ◯Yes * ◯No	지난 10년 중에 영국에 머무르기 위해 내무성에 신청한 적이 있습니까?
Have you been refused entry to the UK in the last 10 years (for example at a UK airport or seaport)? ◯Yes * ◯No	귀하는 지난 10년 중에 영국 입국이 거부된 적이 있습니까(예: 영국 공항이나 항구에서)?
Have you been refused a visa for any country including the UK in the last 10 years? ◯Yes * ◯No	귀하는 지난 10년 중에 영국을 포함하여 어느 나라에 대해서든 비자 발급이 거부된 적이 있습니까?
Have you been deported, removed or otherwise required to leave any country including the UK in the last 10 years? ◯Yes * ◯No	귀하는 지난 10년 중에 영국을 포함하여 어느 나라에서든 추방되거나 강제 출국되거나 기타 그 나라를 떠나도록 요구받은 적이 있습니까?
Have you appealed against a decision to deport/remove you from the United Kingdom? ◯Yes * ◯No	
Have you ever voluntarily elected to depart the UK? ◯Yes * ◯No	귀하는 자발적으로 영국을 떠나기로 선택한 적이 있습니까?
Are you, or have you been subject to, an exclusion order from the UK? ◯Yes * ◯No	영국에서 입국 금지 명령을 받았거나 받은 적이 있습니까?
Have you ever travelled outside your country of residence, excluding the UK, in the last 10 years? ◯Yes * ◯No	귀하는 지난 10년 중에 영국 또는 영국 연방 국가를 제외하고 귀하의 거주 국가 밖으로 여행한 적이 있습니까?

Have you ever been issued with a UK National Insurance Number? E.g. QQ 123456A Yes * No	Have you ever been issued with a UK National Insurance Number? E.g. QQ 123456A
Have you ever been convicted of any criminal offence in the UK or any country? Yes * No	영국 또는 다른 나라에서 범죄에 대한 유죄판결을 받은 적이 있습니까?
Have you been arrested and charged with any offence in any country and are awaiting, or are currently on trial? Yes * No	어떤 국가에서든지 범죄때문에 체포되거나 벌금을 낸 적이 있습니까? 재판을 기다리는 중 입니까, 아니면 재판중 입니까?
Have you ever been involved in, supported or encouraged terrorist activities in any country? Have you ever been a member of, or given support to, an organisation that has been connected with terrorism? Yes * No	귀하는 어느 나라에서든 테러 행위에 연루되거나 테러 행위를 지원 또는 장려한 적이 있습니까? 또는 테러 행위와 연관된 단체에 소속되거나 그런 단체를 지원한 적이 있습니까?
Have you ever, by any means or medium, expressed views that justify or glorify terrorist violence, or that may encourage others to commit acts of terrorism or other serious criminal acts? Yes * No	귀하는 어떤 방법으로든 또는 어떤 매체로든 테러리스트의 폭력적인 행위를 정당화하거나 찬양하는 견해 또는 다른 사람들이 테러 행위 또는 기타 심각한 범죄 행위를 하도록 권장하는 것으로 간주될 수 있는 견해를 표명한 적이 있습니까?
In times of either peace or war have you ever been involved in, or suspected of involvement in, war crimes, crimes against humanity or genocide? Yes * No	평화 시이든 전시이든 귀하는 전쟁 범죄, 인간성에 반하는 범죄, 집단 학살 등에 연루된 적이 있거나 연루된 혐의를 받은 적이 있습니까?
Have you engaged in any other activities that might indicate that you may not be admitted to the UK? Yes * No	귀하는 평판이 좋은 사람으로 간주되지 않을 수도 있음을 시사하는 기타 활동에 연루된 적이 있습니까?
If we need to interview you, what language would you like to use in the interview? *(입력란)*	귀하와 면담해야 한다면, 면담에서 어떤 언어를 사용하기를 원하십니까?
Have you received any other penalty in relation to a criminal offence, for example a caution, reprimand, warning, or similar penalties in the UK or any other country? Yes * No	영국 또는 다른 국가에서 범죄행위와 관련하여 다른 처벌(예:주의, 벌책,경고, 또는 유사한 처벌)을 받은 적이 있습니까?
Have you had any UK court judgement against you for non-payment of a debt, or received a civil penalty under UK Immigration Acts? Yes * No	채무불이행으로 인한 법원관결이나 영국이민법 을 어겨서 민사처벌을 받은 적이 있습니까?

‹ Previous Section

모든 필수 정보 입력 후 클릭 → Next Section ›

❻ 세부 정보 입력하기 – 가족 관계

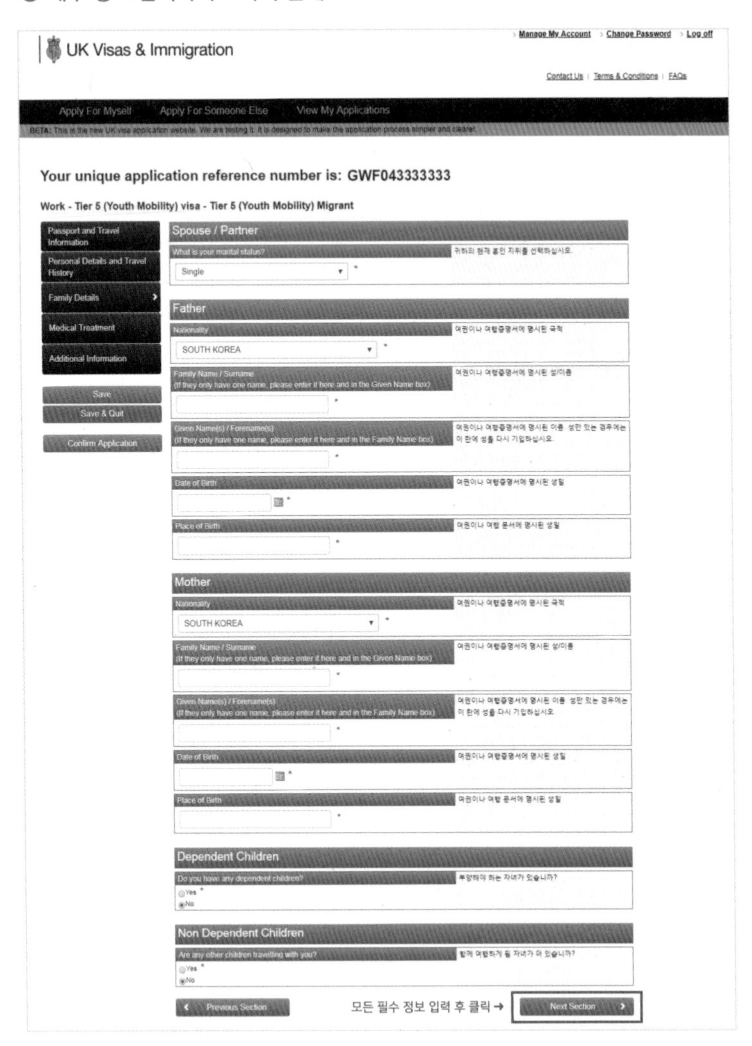

Manage My Account
Change Password
Log off
UK Visas & Immigration
Contact Us
Terms & Conditions
FAQs
Apply For Myself
Apply For Someone Else
View My Applications
BETA: This is the new UK visa application website. We are testing it. It is designed to make the application process simpler and clearer.
Your unique application reference number is: GWF043333333
Work - Tier 5 (Youth Mobility) visa - Tier 5 (Youth Mobility) Migrant
Passport and Travel Information
Personal Details and Travel History
Family Details
Medical Treatment
Additional Information
Save
Save & Quit
Confirm Application
Spouse / Partner
What is your marital status?
귀하의 현재 혼인 지위를 선택하십시오.
Single
Father
Nationality
여권이나 여행증명서에 명시된 국적
SOUTH KOREA
Family Name / Surname
(If they only have one name, please enter it here and in the Given Name box)
여권이나 여행증명서에 명시된 성/이름
Given Name(s) / Forename(s)
(If they only have one name, please enter it here and in the Family Name box)
여권이나 여행증명서에 명시된 이름. 성만 있는 경우에는 이 란에 성을 다시 기입하십시오.
Date of Birth
여권이나 여행증명서에 명시된 생일
Place of Birth
여권이나 여행 문서에 명시된 생일
Mother
Nationality
여권이나 여행증명서에 명시된 국적
SOUTH KOREA
Family Name / Surname
(If they only have one name, please enter it here and in the Given Name box)
여권이나 여행증명서에 명시된 성/이름
Given Name(s) / Forename(s)
(If they only have one name, please enter it here and in the Family Name box)
여권이나 여행증명서에 명시된 이름. 성만 있는 경우에는 이 란에 성을 다시 기입하십시오.
Date of Birth
여권이나 여행증명서에 명시된 생일
Place of Birth
여권이나 여행 문서에 명시된 생일
Dependent Children
Do you have any dependent children?
부양해야 하는 자녀가 있습니까?
Yes
No
Non Dependent Children
Are any other children travelling with you?
함께 여행하게 될 자녀가 더 있습니까?
Yes
No
Previous Section
모든 필수 정보 입력 후 클릭 →
Next Section

❼ 의료 정보 입력

영국에서 치료를 받은 경험이 있으면 'Yes' 선택 후 치료받은 병원 정보 입력
또는 영국에서 치료를 받은 경험이 없으면 'No' 선택한 후에 'Next Section' 클릭

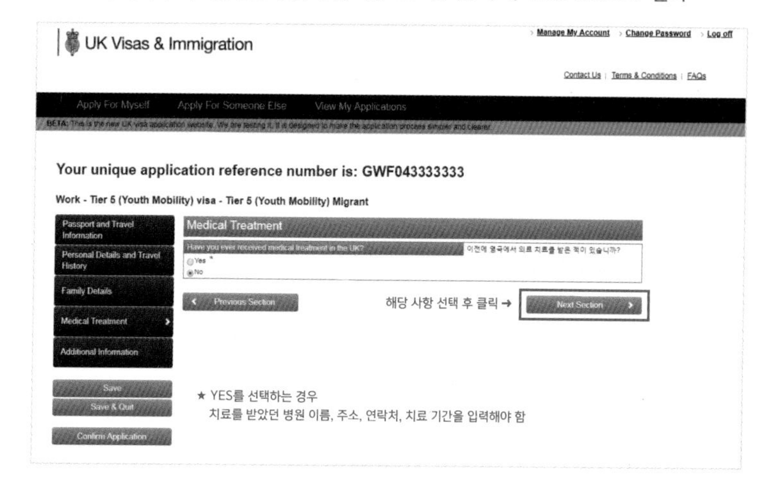

❽ 추가 정보 입력 또는 생략 후 'Comfirm Application' 클릭

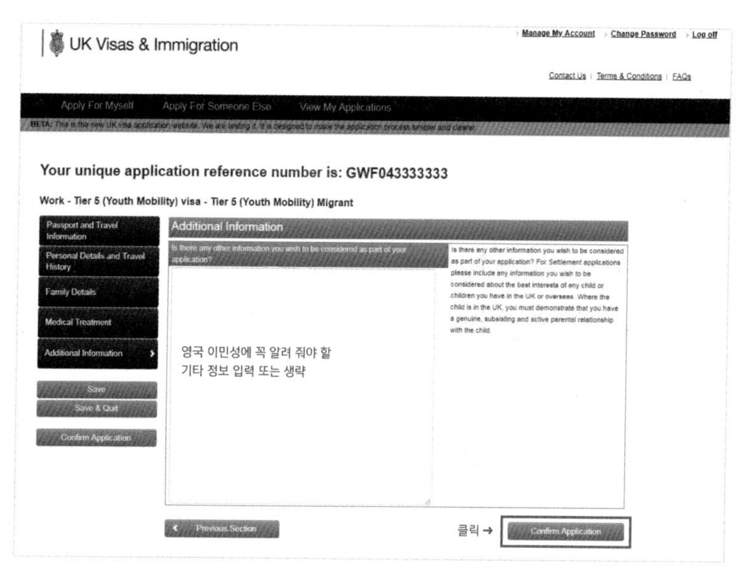

❾ 작성한 내용 확인 후 'Submit Application' 클릭

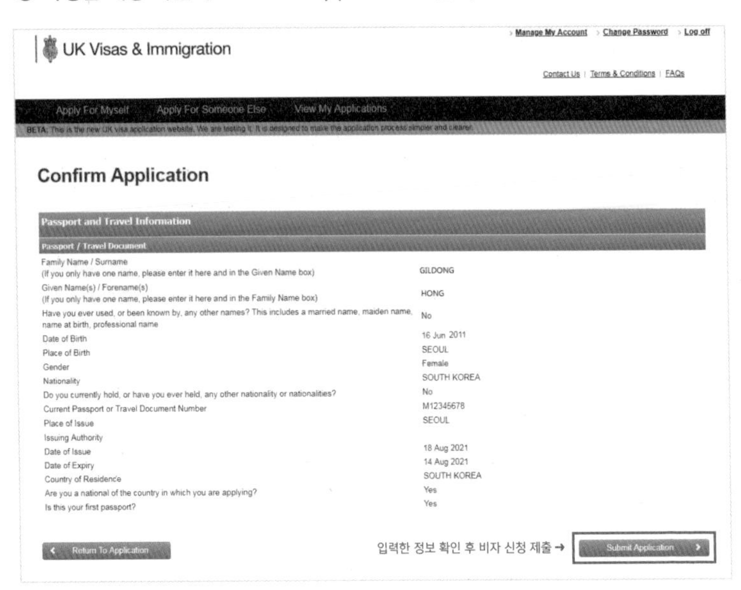

❿ 신청서 최종 제출

'Submit'을 한 이후에는 수정할 수 없으므로 여러 번 확인한 후에 제출

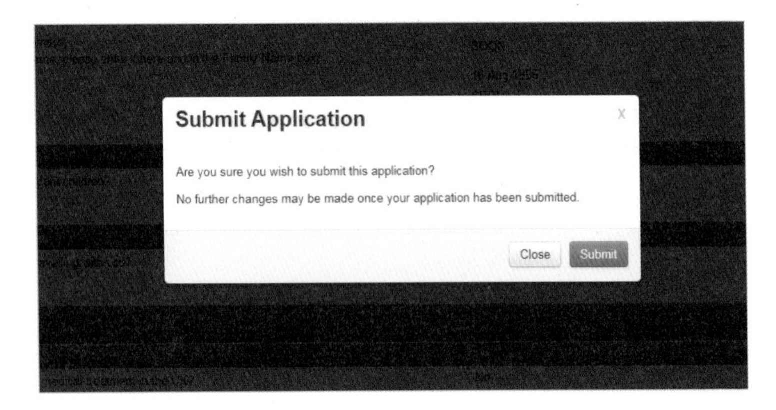

4단계 서약서 서명 및 BRP 수령 장소 선택

❶ 서약서 서명: 'Sign Declaration' 클릭

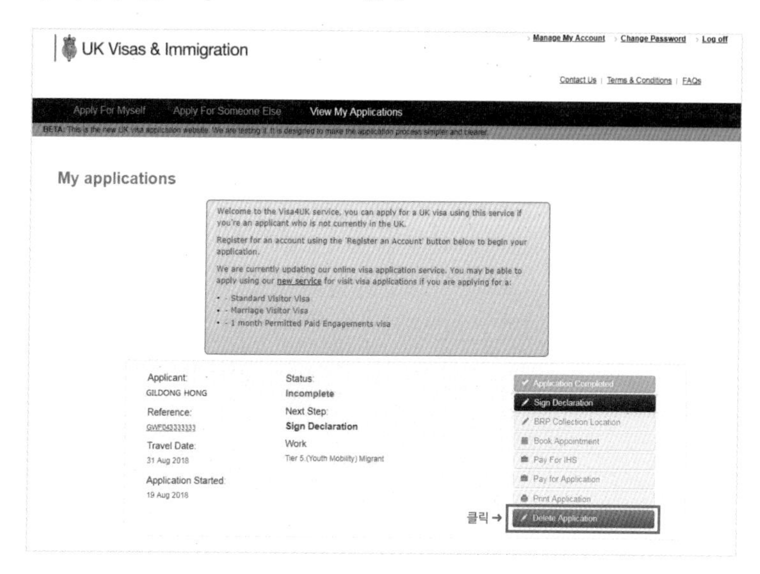

❷ Signiture 칸에 영문 이름 입력 후 'Sign Declaration' 클릭

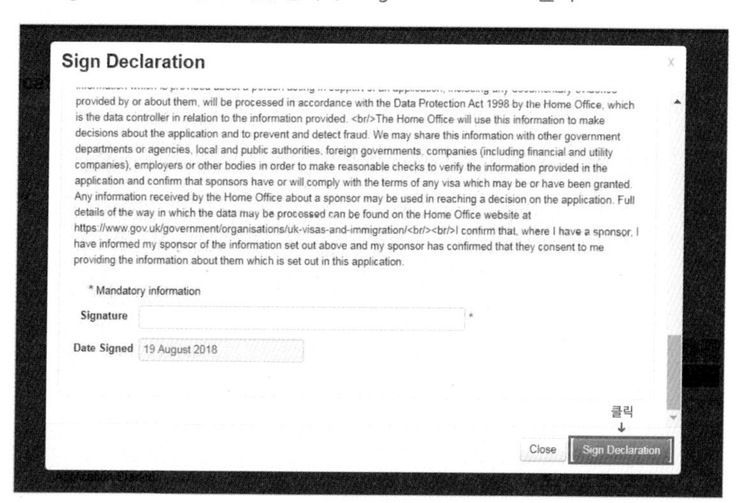

❸ BRP 수령 장소 선택: 'BRP Collection Location' 클릭

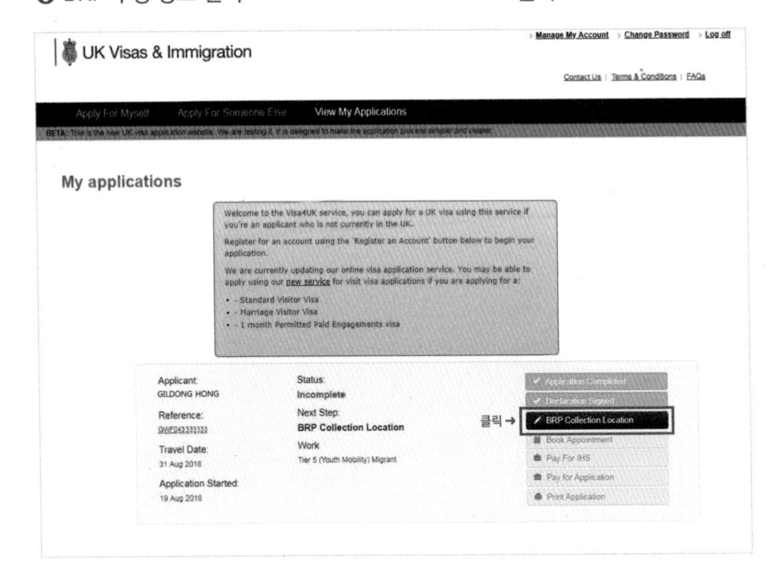

❹ BRP 수령 장소(우체국) 지정

본인의 임시 숙소 거주지, 어학원 부근 또는 찾으러 가기 쉬운 장소로 선택 후 'Comfirm' 클릭

★ 참고로 런던 중심지 옥스퍼드 서커스에서 가장 가까운 우체국은 Great Potland Street 지점으로 우편번호는 W1W 7NE이다.

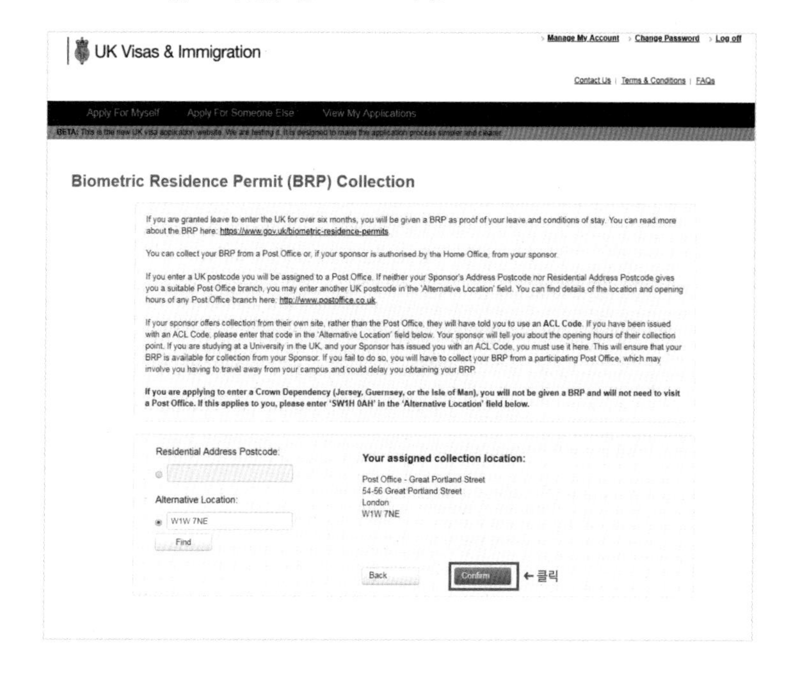

❺ BRP 수령 장소 주소지 확인 후 'YES' 클릭

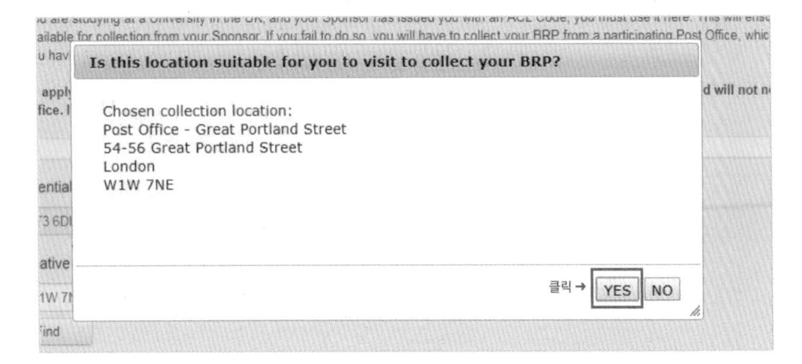

❻ BRP 수령지 확인 후 'Save and Close' 클릭

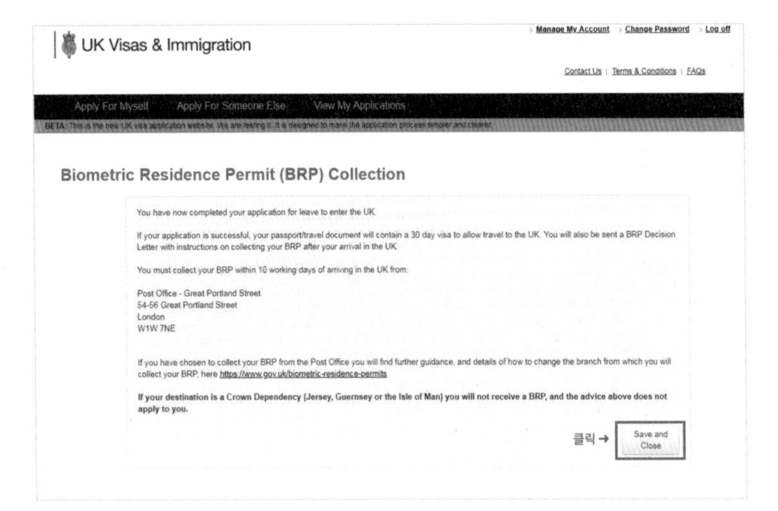

5단계 비자센터 방문 예약 및 IHS(건강보험료) 납부

❶ 비자 신청서 제출을 위한 비자센터 방문 날짜 예약

'Book Appointment' 클릭

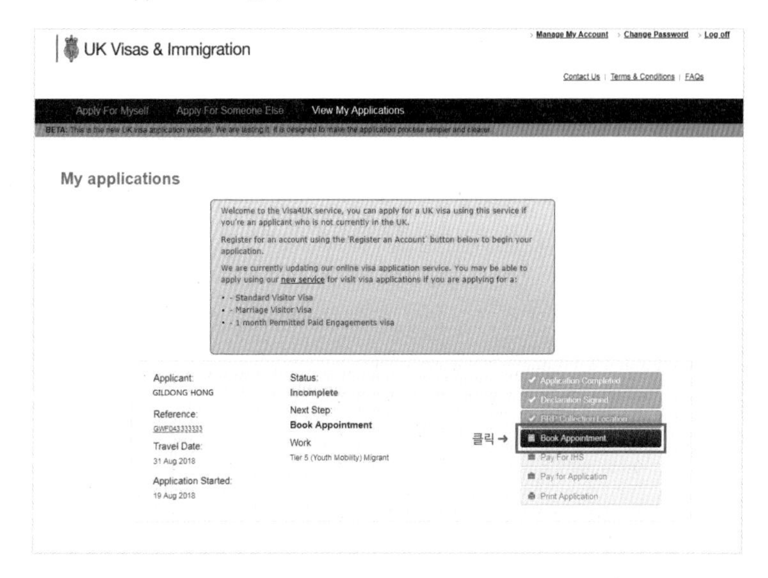

❷ 비자센터 장소 지정

서울 비자센터만 지정 가능하고 방문 시간을 Prime Time으로 선택하는 경우 추가 수수료가 발생하므로 Standard Appointment로 선택 후 'Next' 클릭

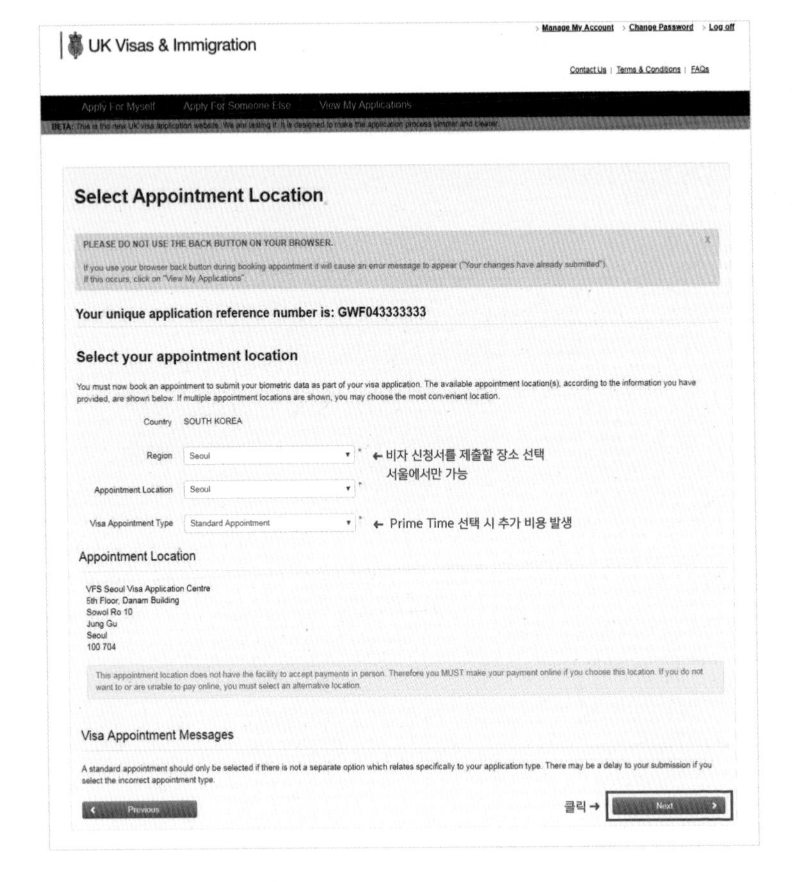

UK Visas & Immigration
Manage My Account
Change Password
Log off
Contact Us | Terms & Conditions | FAQs
Apply For Myself
Apply For Someone Else
View My Applications
Select Appointment Location
PLEASE DO NOT USE THE BACK BUTTON ON YOUR BROWSER.
If you use your browser back button during booking appointment it will cause an error message to appear ("Your changes have already submitted").
If this occurs, click on "View My Applications".
Your unique application reference number is: GWF043333333
Select your appointment location
You must now book an appointment to submit your biometric data as part of your visa application. The available appointment location(s), according to the information you have provided, are shown below. If multiple appointment locations are shown, you may choose the most convenient location.
Country SOUTH KOREA
Region Seoul
← 비자 신청서를 제출할 장소 선택
서울에서만 가능
Appointment Location Seoul
Visa Appointment Type Standard Appointment
← Prime Time 선택 시 추가 비용 발생
Appointment Location
VFS Seoul Visa Application Centre
5th Floor, Danam Building
Sowol Ro 10
Jung Gu
Seoul
100 704
This appointment location does not have the facility to accept payments in person. Therefore you MUST make your payment online if you choose this location. If you do not want to or are unable to pay online, you must select an alternative location.
Visa Appointment Messages
A standard appointment should only be selected if there is not a separate option which relates specifically to your application type. There may be a delay to your submission if you select the incorrect appointment type.
Previous
클릭 →
Next

❸ 방문 날짜 및 시간 선택 후 'Next' 클릭

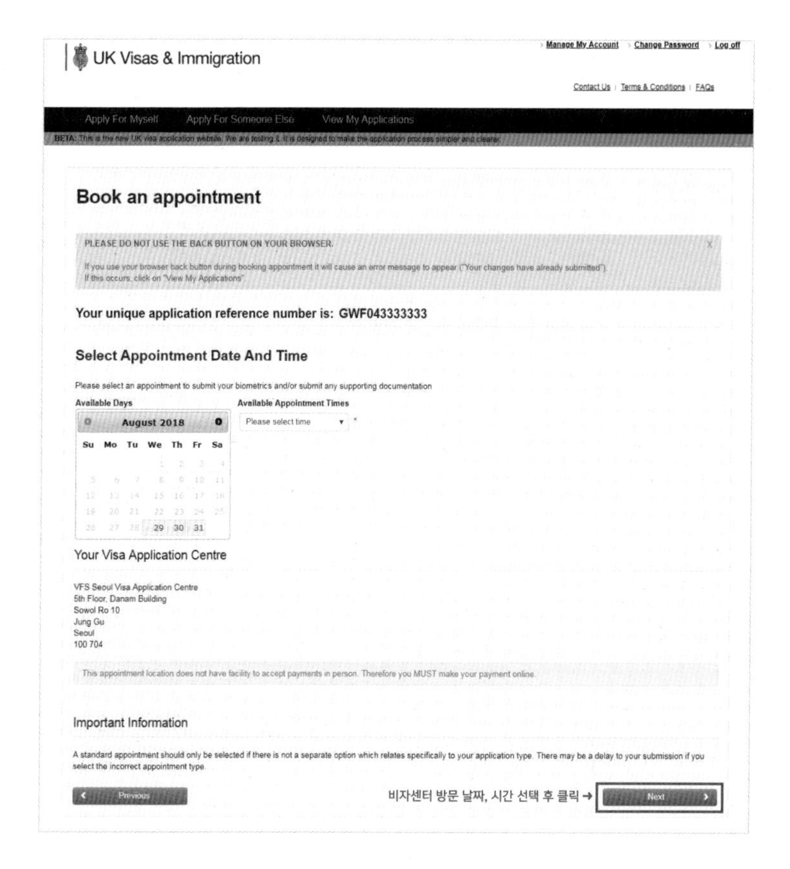

❹ 약속 시간 및 장소 확인 후 'Next' 클릭

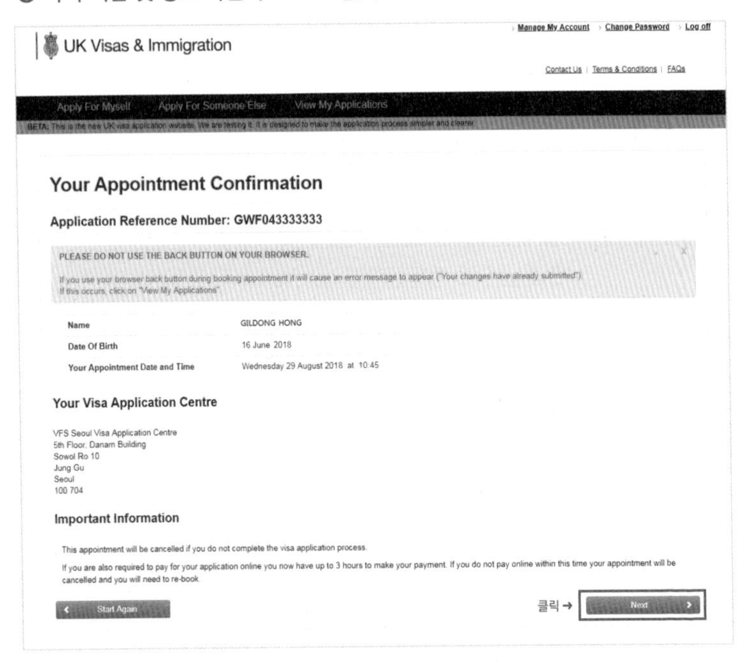

❺ IHS 납부하기 'Continue' 클릭

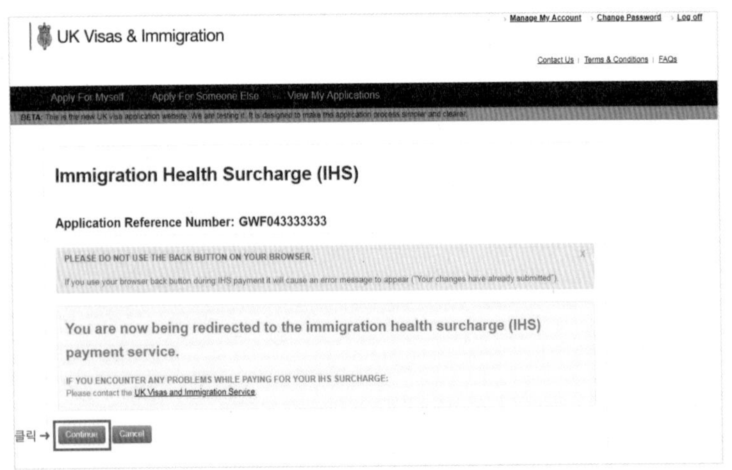

❻ 연결된 GOV 홈페이지에서 'Continue' 클릭

GOV.UK Immigration health surcharge

ALPHA This is a new service – your feedback will help us to improve it.

Pay towards your healthcare in the UK

You may need to pay a healthcare surcharge (called the 'immigration health surcharge' or IHS) as part of your visa application.

You'll then be able to use the National Health Service (NHS). You'll still need to pay for certain types of services, e.g. prescriptions, dental treatment and eye tests.

Cost

The healthcare surcharge is £400 per year of the visa and is payable in full to cover the maximum length of the visa. If you're applying for a student visa the healthcare surcharge is £300 per year.

Example

A person making a 5-year visa application would pay £200 x 5 = £1000.

Use this service to:

- pay the healthcare surcharge (unless you are applying for your visa online or at a UK Premium Service Centre)
- get an IHS reference number which will be included in your visa application - you'll need this even if you don't have to pay

You'll need:

- your passport or travel document
- your payment card

You may be exempt from paying the healthcare surcharge but you still need an IHS reference number.

← 클릭

❼ 신상 정보 확인(비자 신청서상에 입력한 내용으로 자동 입력) 및 'Add where you are planning to stay' 클릭

GOV.UK Immigration health surcharge

ALPHA This is a new service – your feedback will help us to improve it.

Summary

Missing Details

Your details

Add where you are planning to stay

The information taken from your visa application can't be changed or removed. If you'd like to change or remove this information you must start your visa application again.

Your details

Applying from UK	No
Applying from	Seoul
Staying in Isle of Man, Jersey or Guernsey?	Add where you are planning to stay ← 클릭
Full name	GILDONG HONG
Email	GILDONG@KOREA.COM
From	Korea, South (Republic of Korea)
Visa route	Tier 5 (Youth Mobility) visa
Visa type	Tier 5 (Youth Mobility) Migrant
Passport or travel document number	M12345678
Date of birth	16 June 2018

Are you applying to join or remain with a person already in the UK?

+ Add this person's details

You don't need to add this person's details if they are a UK or EEA citizen.

❽ 거주 영역 선택

'Are you applying to stay in the Isle of Man, Jersey or Guernsey?'에서 'NO' 선택 후 'Save and continue' 클릭

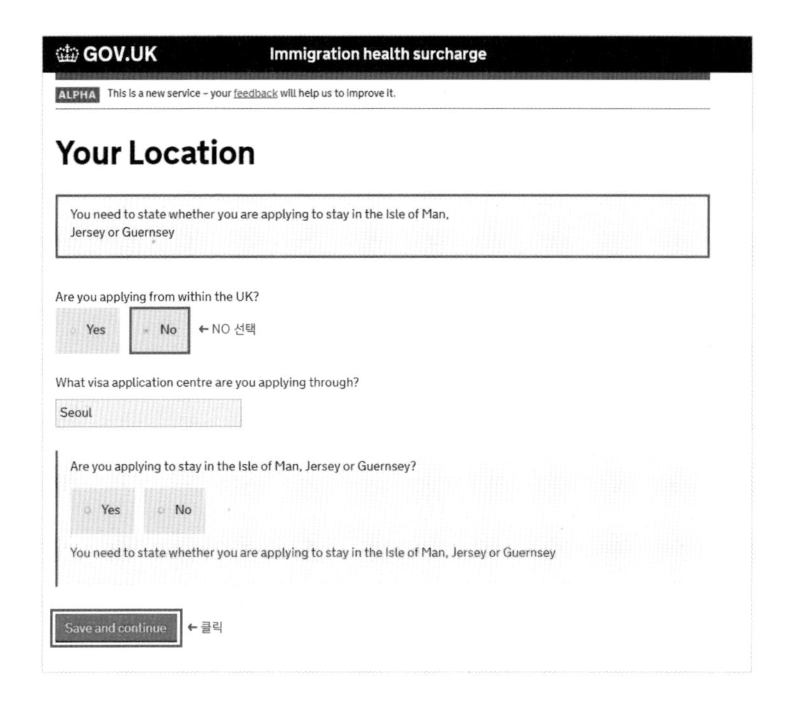

❾ 개인 정보 입력 후 'Save and continue' 클릭

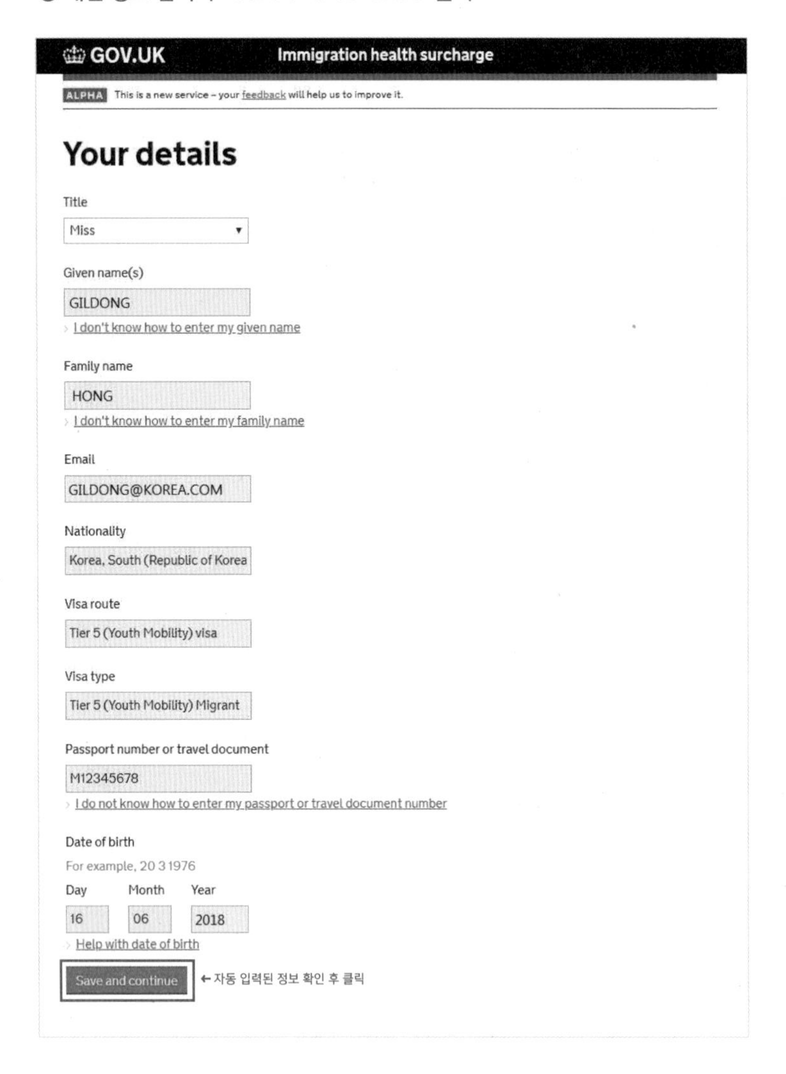

GOV.UK
Immigration health surcharge
ALPHA This is a new service – your feedback will help us to improve it.
Your details
Title
Miss
Given name(s)
GILDONG
I don't know how to enter my given name
Family name
HONG
I don't know how to enter my family name
Email
GILDONG@KOREA.COM
Nationality
Korea, South (Republic of Korea
Visa route
Tier 5 (Youth Mobility) visa
Visa type
Tier 5 (Youth Mobility) Migrant
Passport number or travel document
M12345678
I do not know how to enter my passport or travel document number
Date of birth
For example, 20 3 1976
Day
Month
Year
16
06
2018
Help with date of birth
Save and continue
← 자동 입력된 정보 확인 후 클릭

⑩ 정보 요약된 내용 확인 후 'These details are correct' 클릭

GOV.UK Immigration health surcharge

ALPHA This is a new service – your feedback will help us to improve it.

Summary

The information taken from your visa application can't be changed or removed. If you'd like to change or remove this information you must start your visa application again.

Your details

Applying from UK	No	
Applying from	Seoul	
Staying in Isle of Man, Jersey or Guernsey?	No	Change
Full name	GILDONG HONG	
Email	GILDONG@KOREA.COM	
From	Korea, South (Republic of Korea)	
Visa route	Tier 5 (Youth Mobility) visa	
Visa type	Tier 5 (Youth Mobility) Migrant	
Passport or travel document number	M12345678	
Date of birth	16 June 2018	

Are you applying to join or remain with a person already in the UK?

+ Add this person's details

You don't need to add this person's details if they are a UK or EEA citizen.

You don't have any dependants

These details are correct ← 자동 입력된 정보 확인 후 클릭

⓫ IHS 서약하기

내용 확인 후 'I agree' 클릭

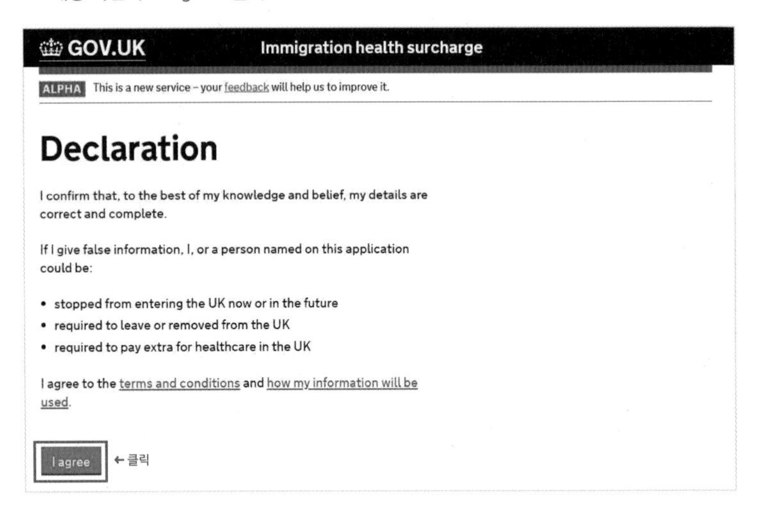

⓬ IHS 결제

금액(환율에 따라 변동될 수 있음) 확인 후 'Pay now' 클릭

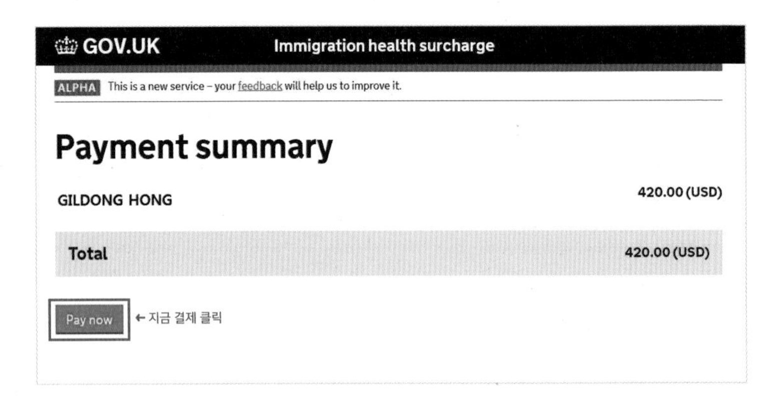

⑬ 결제 정보 입력 후 'Make payment' 클릭

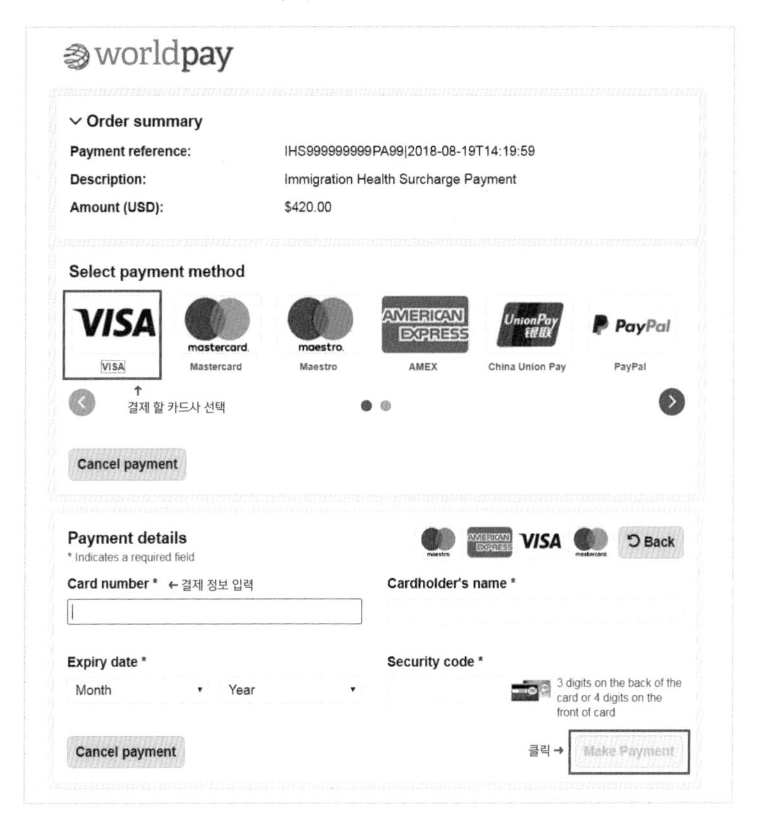

6단계 비자 신청 수수료 결제 및 신청서 출력

❶ IHS 금액 결제 완료 후 Visa4UK 다시 로그인

UK Visas & Immigration

Contact Us | Terms & Conditions | FAQs

Welcome to Visa4UK

* Mandatory information

Please login using your email and password below

Email * ← 등록한 이메일 주소 입력

Password * ← 비밀 번호 입력

Log in ← 로그인

Forgotten your password

Register if you don't have an account

Copyright © 2018 - UKVI

❷ 비자 신청 수수료 납부하기: 'Pay for Apoplication' 클릭

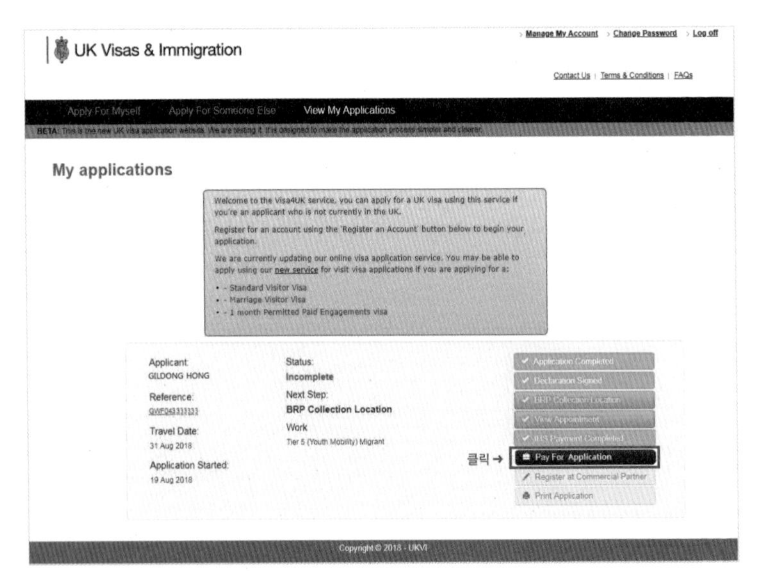

❸ 비자 신청비 금액(환율에 따라 변동될 수 있음) 확인 후 'Next' 클릭

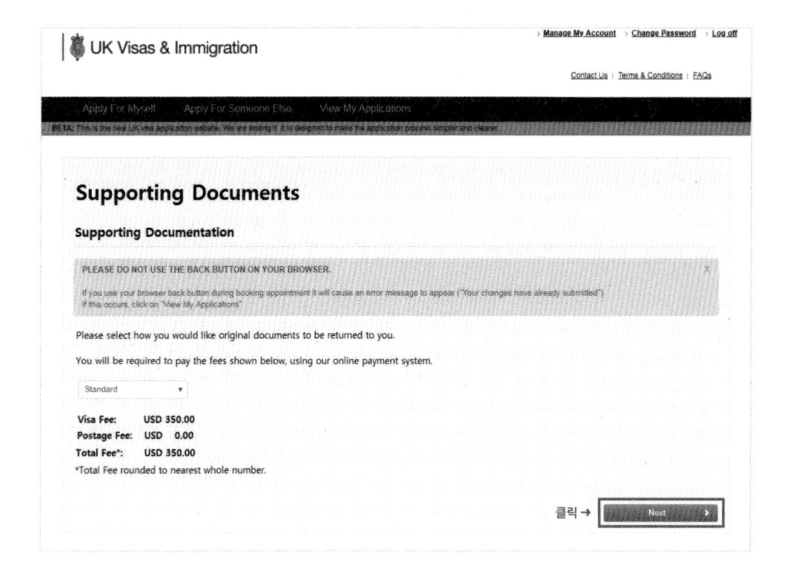
UK Visas & Immigration
Manage My Account
Change Password
Log off
Contact Us | Terms & Conditions | FAQs
Apply For Myself
Apply For Someone Else
View My Applications
BETA: This is the new UK visa application website. We are testing it. It is designed to make the application process simpler and clearer.
Supporting Documents
Supporting Documentation
PLEASE DO NOT USE THE BACK BUTTON ON YOUR BROWSER.
If you use your browser back button during booking appointment it will cause an error message to appear ("Your changes have already submitted")
If this occurs, click on "View My Applications"
Please select how you would like original documents to be returned to you.
You will be required to pay the fees shown below, using our online payment system.
Standard
Visa Fee: USD 350.00
Postage Fee: USD 0.00
Total Fee*: USD 350.00
*Total Fee rounded to nearest whole number.
클릭 →
Next

❹ 비자 신청비 금액 확인 및 환불 정책 확인 후

'Make Payment' 클릭한 다음 카드 결제 진행

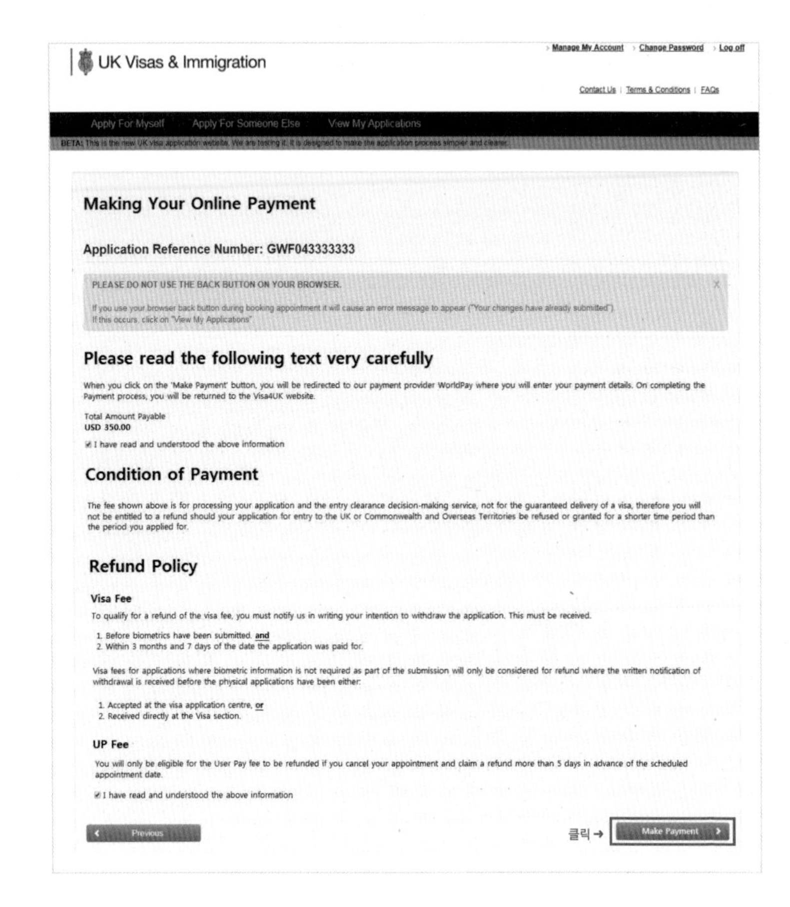

❺ 비자 신청비 결제 완료 후 다시 로그인

UK Visas & Immigration

Contact Us | Terms & Conditions | FAQs

BETA: This is the new UK visa application website. We are testing it. It is designed to make the application process simpler and clearer.

Welcome to Visa4UK

* Mandatory information

Please login using your email and password below

Email ← 등록한 이메일 주소 입력

Password ← 비밀 번호 입력

Log in ← 로그인

Forgotten your password

Register if you don't have an account

Copyright © 2018 - UKVI

❻ 비자 신청서 출력: 'Status(상태)'에서 'Complete'로 변경되었는지 확인한 후에 'Print Application' 클릭하여 비자 신청서 출력

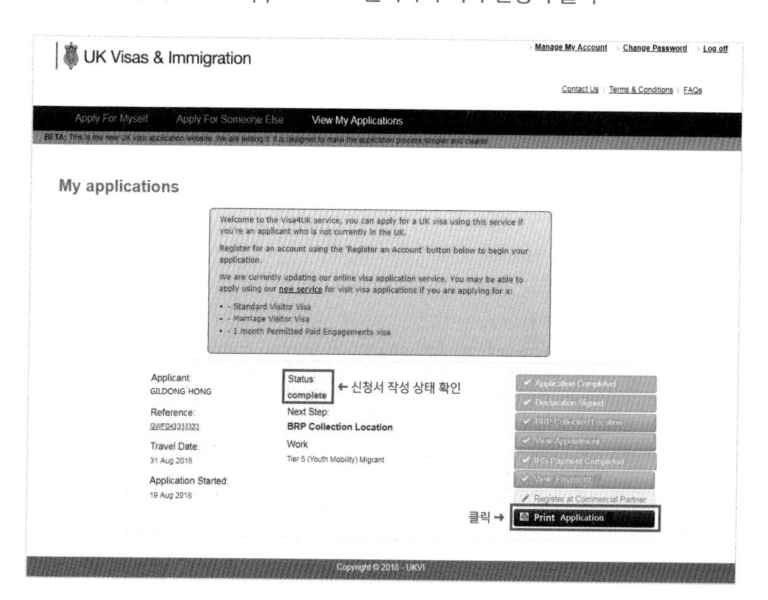

 UK Visas & Immigration

Online Visa Application

APPLICATION FOR UNITED KINGDOM ENTRY CLEARANCE

APPLICANT BIOGRAPHIC DETAILS AND TRAVEL DATE

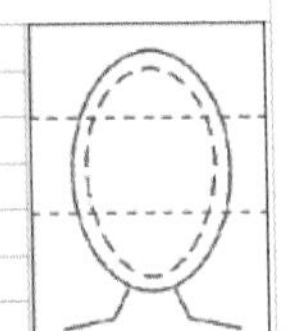

APPLICATION ID:	GWF000000000
GIVEN NAMES:	YEONGEUN
FAMILY NAME:	HWANG
DATE OF BIRTH:	00 JUN 1900
PLACE OF BIRTH:	SEOUL
SEX:	FEMALE
NATIONALITY:	SOUTH KOREA
PASSPORT NUMBER:	M60000000
VISA APPLICATION NUMBER:	 GWF000000001
DATE APPLICATION SUBMITTED ONLINE:	30 NOV 2017
DATE OF PLANNED ARRIVAL IN THE UK:	18 DEC 2017

VISA APPLICANT CONTACT DETAILS

APPLICANTS EMAIL ADDRESS:	010010015@naver.com
APPLICANTS PRIMARY NUMBER:	0100100109
APPLICANTS SECONDARY NUMBER:	0100100105

VISA APPLICATION FEE AND PAYMENT CONFIRMATION

>> OFFICIAL USE ONLY

PAYMENT REFERENCE:	0404040404
TOTAL FEE:	USD 245.00
PAYMENT MADE:	YES - ONLINE
PAYMENT DATE:	30 NOV 2017

VISA APPLICATION SUBMISSION

SUBMISSION METHOD:	STANDARD

>>OFFICE USE ONLY

CATEGORY:	TIER 5 (YOUTH MOBILITY) VISA
TYPE:	TIER 5 (YOUTH MOBILITY) MIGRANT
EC NUMBER:	

Created 30/11/2017 Page 1 CODE

부록 02

세금 환급 신청서P85 작성 따라 하기

Leaving the UK – getting your tax right

Help
If you would like more help with this form:
- go to **www.hmrc.gov.uk**
- phone our helpline on **0845 300 0627**
- if you are calling from outside the UK phone **+44 135 535 9022**

Yr laith Gymraeg
Ffoniwch **0845 302 1489** i dderbyn ffersiynau Cymraeg o ffurflenni a chanllawiau.

About this form

Use this form to claim tax relief or a repayment of tax if:
- you have lived or worked in the UK
- you are leaving the UK, and you
  - may not be coming back or,
  - are going to work abroad full-time for at least a complete tax year.

Do **not** fill this form in if:
- you normally live in the UK and are going abroad for short periods, for example on holiday or a business trip
- you have completed, or are required to complete a Self Assessment tax return for the tax year that you leave.

A tax year is 6 April one year to 5 April the next.

What you will need to help you fill in this form
- Your form(s) P45 *Details of employee leaving work* if you have one, (your employer or your Job Centre gives you this form when you stop working or when you stop claiming Job Seekers Allowance).
- You should refer to the Guidance Note: *Statutory Residence Test*, particularly for the definitions of the following terms as they are used in the form:
  - Resident
  - Home
  - Full-time work.

1. About you

1 **Your surname or family name** *(use capital letters)*
영문 성

2 **Your first names** *(use capital letters)*
영문 이름

3 **Your most recent address in the UK** *(use capital letters)*
The UK is England, Scotland, Wales and Northern Ireland
영문 주소

Postcode

4 **Your phone number**
We may call you if we have any questions about this form
연락처

5 **Are you male or female?**
Male ☐ Female ☐ ← 성별 선택

6 **Your date of birth** *DD MM YYYY*
← 생년월일

7 **Your National Insurance number, if you have one**
You can find your National Insurance number on a form P45 or P60 that you get from your employer, a PAYE Coding Notice or a letter from us
← NI 넘버

P85 Page 1 5013726 HMRC 02/13

About you continued

8 **Your nationality**
For example British, Polish, French

국적

9 **How long had you lived in the UK before the date you left (or the date you intend to leave)?**

영국 거주 기간 예) 2YEARS

10 **Your date of leaving the UK** *DD MM YYYY*

← 영국 출국일

11 **Are you resident in the UK for the tax year up until the date at question 10?**

No [ ]

Yes [X]

12 **Were you resident in the UK for the tax year before your departure date?**

No [ ]

Yes [X]

13 **Which country are you going to?**

SOUTH KOREA

14 **What is your full address in that country?**

한국 거주지 주소

15 **Will you, your spouse, civil partner or someone you are living with as a spouse or civil partner, have a home in the UK while you are overseas?**

No [X]

Yes [ ] *Tell us the address of the UK home*

16 **How many days do you expect to spend in the UK between the date at question 10, and the following April 5?**

출국일로부터 4월 5일(회계연도 종료일)까지 남은 날 입력
예) 230 DAYS

17 **How many days do you expect to spend in the UK in each of the next three tax years?**
(6 April one year to April 5 the next)
For example 81 days between 6 April 2014 - 5 April 2015

Year 1 O

Year 2 O

Year 3 O

18 **Will you get any income from the UK after you have left?**
This includes income from property, pensions, employment, one-off bonus payments, and bank or building society interest

No [X]

Yes [ ]

19 **Will you be working full-time outside the UK?**

No [X]

Yes [ ]

20 **Will you continue to have your salary paid from the UK?**

No [X]

Yes [ ]

Page 2

2. Income you get from the UK after you leave

Fill in this section if you will get any income from the UK after you leave the UK.

Income includes income from property, earnings you get from UK work, a one-off bonus payment, pensions, bank or building society interest or profits from stocks and shares.

- If you get any income from property, please answer question 21.
- For all other income please answer question 22.

Income from UK property

If you have a property in the UK that you get income from you may have to pay UK income tax.

For more information go to **www.hmrc.gov.uk** and enter *The Non-Resident Landlords (NRL) Scheme* in the Search box.

21 **Will you get any income from a property in the UK?**
For example, rent, property fees, interest premiums

No X

Yes

Other income from the UK

22 **Give details of any other income you will get from the UK after you leave.**
If you do not know the actual amount, give an estimate

Type of income *For example pension or employment bonus*	Annual amount in £	Date started *DD MM YYYY*	Payroll / pension or account number	Name of pension/ salary payer
생략				

If you will be working when you leave the UK go to section 3 'Your employment'.
If not, go to section 4 'How you want to be paid any money we owe you' on page 4.

3. Your employment

23 **Will you perform any duties in the UK**
- **from the date in question 10 or question 25 which ever is the later and April 5 following this date, and**
- **for the whole of the following tax year?**

No X

Yes *If Yes, give details, including an estimate of the number of days when you will work more than three hours in the UK.*

24 **Do you work for the UK Government as a Crown servant or in Crown employment?**

No X

Yes *If Yes, tell us your department's name*

25 What job will you do in the country you are going to?

앞으로 구할 직업

What date will you start that overseas job?

☐☐ ☐☐ ☐☐☐☐ ← 일 시작 예상일

How may hours per week will you work, on average, in that overseas job?

☐ ← 일주일당 근무 시간

26 Your employer's name and address

Name

Address 아무 회사 주소 입력

Postcode

27 Will you do your job on a rota?

For example as an oil rig worker who works 14 days on rig then 14 days off

No [X]

Yes ☐ *If Yes, tell us the country where you expect to spend your days off*

28 Will you be paid through either:

- **a UK employer through a UK payroll, or**
- **an office or agent in the UK?**

No [X] *Go to section 4*

Yes ☐ *If Yes, tell us the name and address of the person paying you*

Name

Address

Postcode

4. How you want to be paid any money we owe you

Not everyone gets a refund. It is not always possible to issue a cheque to a non UK bank account. If you are due a refund, we can either pay it to you or someone else on your behalf - they are known as a 'nominee'. Please choose one of the following two options:

☐ Option one - Pay cheque to UK bank or building society

Bank sort code

☐☐ - ☐☐ - ☐☐

Account number

☐☐☐☐☐☐☐☐☐☐☐

Account holder's name

Bank or building society name and address

Name

Address

Postcode

Put 'X' in one box

☐ This is my account

☐ This is my nominee's account

[X] Option two - Pay by cheque direct to me or my nominee

Put 'X' in one box

[X] Make the cheque payable to me

☐ I authorise the cheque to be payable to my nominee
Tell us your nominee's name

Tell us the address to send the cheque to

수표를 받을 주소 입력
(한국 주소 또는 영국 주소)

Postcode

Page 4

Declaration

You must sign this declaration.

If you give information which you know is not correct or complete, action may be taken against you.

I declare that:
- the information I have given on this form is correct and complete to the best of my knowledge
- I claim repayment of any tax due.

Your signature

자필 서명

Date *DD MM YYYY*

← 작성한 날짜

What to do now

Put an 'X' in relevant box

X I have enclosed parts 2 and 3 of my form P45 *Details of employee leaving work (do not send photocopies).* ← P45를 소지한 경우 선택
If you have not yet received your P45 from your employer please obtain it before you return this form.

☐ I can't get a form P45. *Please tell us why in the box below, for example because you are retired or a UK Crown servant employed abroad.* ***If you have a form P45 and don't send it to us, any repayment due to you cannot be made.***

P45를 소지하고 있지 않은 경우에 선택하고 그 사유를 반드시 작성

Please send this form to your tax office. You can find your tax office address by:
- going to **www.hmrc.gov.uk** select *Contact us* and choose *Income Tax*
- asking your employer.

부록 03

영국 워킹홀리데이 Q&A

Q. 나이가 좀 많은 편인데 영국 워킹홀리데이를 가도 될까요?

네, 떠나셔도 됩니다. 제가 영국으로 워킹홀리데이를 떠났을 때가 스물일곱 살 12월이었고 워킹홀리데이를 마치고 돌아왔을 때 서른 살이 되었습니다. 하지만 그때 들었던 생각은 나이가 많아서 막막하기보다는 좀 더 일찍 더 많은 국가에 워킹홀리데이를 떠나지 못했던 것에 대한 아쉬움이었습니다. 마음속에 조금이라도 워킹홀리데이에 대한 열망이 있다면 기회가 있을 때 꼭 한번은 다녀오라고 권하고 싶습니다.

Q. 영어를 정말 못하는데 어학연수를 꼭 해야 하나요?

네, 단 1개월이라도 하시기를 추천합니다. 영국에 살고 있다고 해서 영어가 저절로 이해되는 것은 아닙니다. 외국인과 대화하고 일하고 친구를 사귀기 위해서는 영어를 필수로 해야 합니다. 하물며 음식점에서 주문할 때도 영어를 사용해야 하고 일자리를 구할 때도 영어로 면접을 봐야 하기 때문에 기본적인 영어 회화는 한국에서 익히고 오시거나 영국에 입국해서 단 1개월이라도 어학연수를 하는 것이 좋습니다.

Q. 영국에서 일자리를 구하는 게 어렵나요?

아니오, 어렵지 않습니다. 물론 원하는 직종에 따라 다르지만 스타벅스, 코스타 커피, 프레타망제, 와사비 등 일반 프랜차이즈 서비스직과 판매직은 상시 채용이 있고 한국인에 대한 인식이 매우 좋기 때문에 어렵지 않게 취업할 수 있습니다. 디자인이나 물류 같은 일부 특수 분야도 외국인 채용에 관대한 편이고 '영국사랑(04UK)'이나 '영국 워킹홀리데이 페이스북 페이지'에서 한국 기업 채용도 자주 볼 수 있습니다.

Q. 집을 구할 때 외국인 셰어와 한국인 셰어 중에 어디가 더 좋은가요?

외국인과 집을 셰어하는 경우, 장점은 영어를 필수로 사용해야 한다는 점입니다. 하지만 생활하는 부분에서 마찰이 생길 때 소통하는 데 어려움이 있을 수도 있습니다. 한국인의 경우 의사소통도 편하고 대부분의 플랫 메이트들이 서로를 배려하며 생활하는 편이지만 영어를 사용하는 환경은 아닐 수 있습니다. 외국인이든 한국인이든 집을 셰어하는 경우 각각의 장단점이 있습니다. 집을 구할 때 무엇보다 중요한 건 그 집이 파티를 즐기는 집인지 아닌지 여부가 될 것 같습니다. 외국인이든 한국인이든 친구를 초대해서 파티하는 집인데 본인은 정반대의 성향이라면 그 집은 피해야 할 테니까요.

Q. 영국도 인종차별이 심한가요?

아니오, 심한 편은 아닙니다. 심하다 덜하다는 개인의 경험에 따라 차이가 있겠지만 영국의 경우 일반적으로 외국인에 대해 조금 관대한 편입니다. 런던의 경우 외국인 비율이 상당히 높은 도시이기 때문에 인종차별은 거의 찾아보기 힘들지만 완전히 없다고는 할 수 없습니다. 어디를 가나 인종차별은 존재하고 외국 생활 중에 마주할 수 있는 어려움 중 하나라는 점을 명심해야 합니다.

Q. 집주인이 보증금을 돌려주지 않는데, 어떻게 해야 하나요?

집을 나올 때 먼저 집 열쇠를 반납하면 나중에 집주인이 집 상태를 확인한 후에 송금해 주겠다고 하고 돌려주지 않는 것이 대부분입니다. 일부 집주인들은 키를 돌려받은 뒤에는 집 훼손을 이유로 보증금(deposit)을 돌려주지 않으려고 하기 때문에 집을 나올 때는 반드시 집주인과 만나서 키를 넘겨주고 그 자리에서 보증금을 돌려받아야 합니다. 집주인이 연락처를 바꾸는 경우 보증금을 돌려받기가 쉽지 않으며 영국에 머무르는 것이 아니고 한국으로 귀국하는 경우에는 더더욱 돌려받기가 어렵습니다. 따라서 귀국 전에 집과 관련된 문제를 우선적으로 해결해야 하고 부당한 이유로 보증금을 돌려주지 않는 경우에는 해당 주소지 관청(Council)에 도움을 요청해 보는 것이 최선의 방법입니다.

Q. 영국 YMS 비자 종료 후에 학생 비자로 전환이 가능한가요?

아니오, 불가합니다. 영국 YMS 비자의 경우 최초 비자 발급 시 2년의 거주 기간이 주어지고 연장이 불가하며 비자가 종료되기 전에 영국을 떠나야 합니다. 만약 학생 비자나 다른 비자로 전환하고자 하는 경우에는 반드시 한국으로 돌아가서 비자를 재발급받아 영국으로 입국해야 합니다.

Q. 영국에서 영주권 획득 시 영국 YMS 비자 기간도 포함되나요?

네, 포함됩니다. 영국에서 영주권을 획득하려면 합법적인 비자로 10년을 거주하거나 워크 퍼밋 비자로 5년을 거주해야 영주권 신청 자격이 주어집니다. 10년 거주자 자격으로 영주권을 신청하는 경우 YMS 비자 거주 기간도 10년의 기간에 포함됩니다. 하지만 워크 퍼밋 비자 5년 거주자 자격으로 영주권을 신청하는 경우에는 포함되지 않습니다.

Q. YMS 비자가 끝나고 유럽 여행을 하면서 산 물건들에 대해 세금 환급을 받을 수 있나요?

네, 받을 수 있습니다. 영국에서 소득세 환급(Income tax return)을 신청한 것과는 별개로 영국이나 EU 국가를 여행하면서 출국 전 3개월 이내에 구매한 물품에 대해 세금 환급을 신청할 수 있습니다. 세금 환급을 신청할 때는 구매처에서 세금 환급과 관련된 영수증과 서류를 받아 두어야 하고 최종 출국지에서 한꺼번에 신청하면 됩니다.

부록 04

영국 워킹홀리데이 후기

황영은

● 영국 워킹홀리데이를 떠나게 된 이유

대학을 졸업하고 누구나 그렇듯이 취업을 했고 이십대 중반이 넘도록 뚜렷한 목표 없이 살았다. 대학에 가고 졸업을 하면 취업을 하고, 취업한 뒤에는 돈을 모아서 결혼하고, 결혼한 뒤에는 집을 사겠다는 정형화된 삶의 목표. 주변 친구들 모두가 지극히 평범한 삶의 모습을 꿈꾸고 있었고 나도 그중 한명이었다. 하지만 문득 모두가 같은 꿈을 꾸고 있다는 사실에 허탈했다. 그래서 나는 내 인생에 있어 잠깐의 일탈을 해 보기로 마음먹었다. 대학생 때 해 보지 못했던 경험들을 해 보기로 한 것이다. 내가 포기하고 잊고 살았던 것들을 하나하나 실현해 보기로 마음먹으면서 피아노도 배워 보고 노래도 배워 보던 중 마지막 남은 한 가지. 바로 어학연수와 해외여행이었다. 이 두 가지를 한꺼번에 해결할 수 있는 '워킹홀리데이'를 떠나기로 마음을 굳혔다. 국가를 정할 때 처음엔 딱히 영국이어야 하는 이유는 없었고 그저 빅벤의 야경과 프리미어 리그를 보고 싶은 마음에 런던으로 정했다. 또 2년 동안 일도 할 수 있고 여행도 할 수 있으니 더할 나위 없이 좋았다. 그저 들뜬 마음으로 아무 계획도 없이 영국으로 떠나기로 결정했다.

● 떠나기 전 마음가짐과 어학연수

CoS를 받아서 비자를 신청하고 나서 막상 영국으로 떠날 날이 다가오니 가장 걱정되는 것이 '영어'였다. 대학을 졸업할 때 꾸역꾸역 토익 성적을 맞추긴 했지만 외국인과 대화해 본 적도 없었고 혼자 해외여행을 가 본 적도 없었기에 더더욱 두려웠다. 결국 출국을 열흘 앞두고 부랴부랴 어학연수를 등록했다. 지금과는 조금 다르게 예전에는 BRP가 없었고 2년간 유효한 비네트를 여권에 부착해 줬기 때문에 영국으로 곧장 입국하지 않고 어학연수를 위해서 3개월간 몰타에 머무르게 되었다. 영국에 입국하기 전 3개월 동안 몰타에서 영어를 마스터하겠노라 굳게 다짐하고 3개월간 초급부터 시작해서 고급 과정까지 마칠 수 있었다. 영국으로 워홀을 떠날 때 가장 두려웠던 것도 가장 간절했던 것도 바로 '영어'였다. 어학연수가 필수는 아니지만 한 가지 분명한 건 영어를 못함으로 인해 생기는 차별과 차등 대우는 필연적이라는 것. 결국 영국에서 당당하게 살아남기 위해서는 영어가 기본이고 영어가 최선이라는 것이다. 영국에서 어학연수를 할 계획이 없다면 한국에서 기초 회화 정도는 배우고 오는 것이 좋다. 일을 구할 때도 외국인 매니저와 면접을 봐야 하기 때문에 자기소개와 인사말 정도의 기초 회화 준비는 필수다.

● 영국에서 살아남기

무급 인턴십

영국에 입국하고 나서 수없이 CV를 제출했다. 영국 회사, 한국 회사 가릴 것 없이 사무직은

모조리 지원했던 것 같다. 그중에서 나를 받아준 곳은 한국계 포워딩 회사였다. 입사 조건은 3개월 무급 인턴. 영국에서는 무급 인턴을 채용하는 일이 흔한 일이기에 너무 당연하다고 생각하고 일을 시작했다. 하지만 3개월간 무급으로 인턴 생활을 하는 동안 한국에서 모아온 돈을 모두 쏟아부어야 했다. 인턴십이 끝나고 정규직 채용을 제안하면서 3개월 수습 기간 동안에는 정규 월급의 70%를 주겠다는 제안을 받고는 회사를 그만뒀다. 나중에야 알게 된 사실이었지만 인턴십을 수행한 사람에게는 수습 기간을 추가로 두지 않는 것이 일반적이라고 한다. 꼭 사무직에서 근무해야 해서 회사 근무 경력이 필요한 경우가 아니라면 무급 인턴십은 되도록 하지 않을 것을 추천한다.

직장 구하기

영국에서 지내면서 점점 더 영국에 눌러살고 싶다는 생각이 커졌다. 인턴십이 끝나고 잠시 스타벅스에서 파트타임 일을 시작했지만 이내 워크 퍼밋 비자를 지원해 줄 수 있는 일반 회사를 알아보기 시작했다. 한인 커뮤니티 사이트인 영국사랑(04UK)을 통해서 작은 한국계 무역 회사에 취업하게 되었고 워홀을 마칠 때까지 그 회사에서 근무했다. 회사 생활을 하면서 대외 업무는 영어를 사용했지만 사무실 내에서는 한국인 동료들과 일했던 터라 생각만큼 영어 실력이 늘지는 않았다. 업무 관련 이메일을 쓸 때 빼고는 사무실에서 한국어로 의사소통했기 때문에 오히려 회화 능력이 어학연수 할 때에 비해 쇠퇴했다고 봐야 정확할지도 모른다. 월급도 스타벅스에서 일하는 것이 훨씬 더 많이 벌 수 있었다. 왜냐하면 일반 사무직은 보통 최저 연봉을 준수하기 때문이다. 시급으로 일한 시간만큼 계산해서 월급을 지급하는 스타벅스나 서비스직이 수입이 훨씬 좋은 것이 현실이다.

집 구하기

집을 구할 때는 직장이나 센트럴 런던에서 그리 멀지 않은 2~3존 안에서 구하는 것이 좋다. 맨 처음 직장 때문에 6존을 넘어서는 슬라우(Slough)라는 곳

에 살았는데 한 달 방세는 £350로 저렴했지만 센트럴 런던에 가려면 버스와 튜브를 여러 번 환승하거나 비싼 기차표를 사야 해서 생활비가 오히려 더 많이 들었다. 직장을 옮기면서 3존 퍼트니(Putney) 부근으로 집을 옮겼는데 교통이 좋아진 대신 방세가 £550로 비싸졌다. 집도 좋고 교통도 편리했지만 퍼트니의 경우 스페어룸(SpareRoom)을 통해 구했던 터라 외국인 친구들과 셰어했고 한국 음식을 해 먹을 수 있는 환경이 아니었다. 플랫 메이트들도 매주 이성 친구를 데려오는 바람에 결국 한국 셰어 하우스로 집을 옮기게 되었다. 교통, 집 상태, 보증금, 노티스 기간 등 모든 조건을 확인한 후에 최종적으로 집을 계약할 때는 본인의 생활 습관을 고려해서 결정하는 것이 무엇보다 중요하다. 김치찌개 같이 냄새가 심한 음식을 해 먹을 수 없다거나 아시아인에 대한 인종차별적인 성향을 가진 플랫 메이트들과 함께 생활하면서 겪을 수 있는 불편함이 생각보다 크기 때문이다. 집을 계약할 때는 직접 보러 다녀보고 되도록 플랫 메이트들을 만나서 대화해 보는 것이 좋다.

생활비 절약하기

나는 오이스터 카드나 7일 정액권을 사용하지 않고 컨택트리스 카드를 사용함으로써 교통비를 절약했다. 대중교통을 많이 이용하면 자동으로 캡핑 요금이 적용되고 적게 이용했을 때는 이용한 금액만큼만 빠져나가기 때문에 경제적이다. 휴대 전화 요금의 경우 쓰리 통신사에 1년 약정 요금제를 계약해서 매달 할인은 받아서 무제한 요금제를 사용했다. 유럽 여행을 할 때 무료 로밍을 사용할 수 있어서 불편함 없이 사용할 수 있었고 타사 대비 무제한 요금제가 조금 더 저렴하다. 외식을 하거나 간단히 점심을 먹어야 하는 경우에는 런치 할인을 이용하거나 포장을 해서 공원에 앉아서 먹곤 했다. 영국의 경우 포장(take away)과 먹고 가는(eat in) 금액이 다른 식당이 많기 때문에 음식을 포장해서 야외에서 먹는 사람들이 많다. 'Nez'라는 휴대 전화 애플리케이션에서 런치 이벤트를 하는 식당을 찾아 런치 딜(lunch deal)을 이용하면 생활비를 대폭 아낄 수 있다.

여행하기

나는 워홀을 하는 동안 '한 달에 한 국가 여행하기'를 목표로 잡았다. 여행도 계획이 필요하고 의지가 필요한 일이기 때문에 나중에 가겠다는 안일한 마음으로 1년을 허비했다. 그래서 매달 월급을 받으면 즉시 비행기표와 숙소를 예약했다. 비행기표는 스카이스캐너나 라이언에어를 통해 최저가로 예약했고 숙소도 아고다나 익스피디아를 통해 저렴한 호스텔을 주로 이용했다. 유럽 저가 항공사의 경우 기내 수화물 허용 사이즈가 매우 작은데, 한번은 라이언에어에서 수화물 크기 초과 벌금 £50를 물어야 했다. 그 이후로 저가 항공을 이용할 때는 캐리어 없이 작은 백팩만 메고 다녔

피렌체 Firenze

코펜하겐 Copenhagen

벨기에 Belgium

베니스 Venice

코르닐리아 Corniglia

다. 백팩을 메고 다니기 시작한 데는 유럽의 대부분의 도시들이 거리가 울퉁불퉁해서 캐리어를 끄는 것이 오히려 더 힘든 이유도 있다. 여행 계획은 출발하면서 짜도 되고 정보는 인터넷에 흘러넘치기 때문에 우선 예약만 해 두고 남는 비용으로 생활하는 걸 습관화했다. 영국 워홀은 한 달 월급으로 한 달 살기가 빡빡한 것이 현실이기 때문에 미리 예약하지 않으면 여행 갈 돈이 없어서 여행하지 못하는 경우가 다반사다. 여행이 워홀의 큰 이유라면 워홀이 끝나고 몰아서 가겠다는 생각보다는 틈틈이 다녀오길 바란다.

● 영국에 눌러앉기

나는 워홀이 끝난 뒤에 영국에 미련이 남아서 영국을 떠나기가 아쉬웠다. 결국 미련을 못 버리고 모아 둔 돈을 탈탈 털어서 11개월 어학연수 학생 비자를 받아 영국으로 다시 돌아왔다. 런던의 모든 것에 매료된 나는 어떻게든 영국에 더 살기 위해 무작정 영국으로 돌아온 것이다. 수도 없이 CV를 제출했고, 예전 직장에 워크 퍼밋을 애걸복걸했다. 워크 퍼밋을 지원해 주는 것은 회사 입장에서도 세금, 비용, 연봉 등 여러 가지를 고려해야 하는 부분이기 때문에 쉽지 않다. 매일같이 찾아가고 일을 도와준 끝에 결국 나는 예전 직장으로부터 워크 퍼밋 확약을 받을 수 있었다. 워홀러가 할 수 있는 차선책은 '창업'이다. 워홀 비자를 가지고 있는 동안 창업을 해서 영국에 본인 명의로 된 회사를 가지고 운영하다가 투자 이민을 고려해 볼 수 있다. 영국의 경우 캐시 잡(현금으로 일당을 주는 일)을 구하기가 현실적으로 불가능하기 때문에 합법적인 비자가 없이는 살아가기 힘들다. 정말로 영국에 눌러앉고 싶다면 체계적이고 현실적인 계획을 세우는 노력과 의지가 필요하다.

● 영국 워홀을 준비하는 친구들에게

나는 워홀을 떠날 당시에만 해도 아무런 목표가 없었다. 그저 내 삶에 지쳐 있었고 위로와 휴식이 필요했을 뿐이다. 그런 내가 아이러니하게도 이 책을 쓰면서 영국에 떠나는 목적과 계획을 분명하게 세우라고 적었다. 목표가 없었던 다는 닥치는 대로 취업하고 이직하기를 반복하면서 약 1년을 소비했다. 2년이라는 기간이 막상 영국에서 지내다 보면 결코 긴 시간이 아니었다는 것을 몸소 체험했기에 앞으로 떠날 친구들은 조금이라도 빨리 정착하고 제대로 된 워킹홀리데이를 즐기기를 바라는 마음이라고 생각해 주기를 간절히 바란다. 하지만 그때의 나처럼 아무 목표도 없이 무작정 떠나고자 하는 사람이 있다면 나는 무조건 떠나라고 응원할 것이다. 떠날 용기를 실천했다는 것만으로도, 열심히 일하는 것만으로도 혹은 열심히 노는 것만으로도 충분히 값진 경험이 될 테니까. 모두가 꼭 거창한 목표가 있어야만 워홀을 떠나는 것은 아니다. 워홀을 떠났다는 사실만으로도 이미 특별하다. 하지만 누군가 나처럼 영국에 눌러앉고 싶은 마음이 있다면 이상을 넘어 현실적으로

생각해 보라는 말을 꼭 하고 싶다. 어떻게 영국에 눌러살 것인지 그 방법과 이유를 워킹홀리데이를 시작하는 순간부터 철저하게 계획해야 하고 단순히 워킹홀리데이를 떠나는 것보다 훨씬 힘든 일이라는 것을 명심하기 바란다. 워크 퍼밋을 지원받을 때 많은 부분을 회사가 부담하지만 본인이 부담해야 하는 비용도 상당히 크고 워크 퍼밋을 지원받는다고 해서 영주권이 보장되는 것은 아니기 때문에 생각보다 긴 여정이 될 것이다. 나 또한 긴 여정을 지내고 있는 중이고 매일 매일이 어렵고 두렵다. 때문에 영국에 눌러앉는 일은 워킹홀리데이를 떠날 때의 단단한 마음가짐의 최소 100배는 더 단단해져 있어야 한다는 걸 기억했으면 한다.

마지막으로 세상 어디에도 성공적인 워킹홀리데이에 대한 정답은 없다. 워킹홀리데이를 떠나는 것은 오직 나만의 방법으로 해답을 찾아가는 길이니 정답을 모른다고 포기하지 말고 부딪혀 보고 넘어지면서 자신만의 해답을 찾기를 바란다.